세밀화로 본 정원 속 작은 곤충들

일러두기

『세밀화로 본 정원 속 작은 곤충들』은 그 제목처럼 우리 주변의 곤충들에 관한 이야기입니다. 다만, 본문에 등장하는 장님거미, 유럽정원왕거미, 긴호랑거미, 쥐며느리, 갈색돌지네, 노래기는 절지동물입니다. 독자들에게 친근하게 다가가고자 제목에 '곤충'이라고 포괄적으로 표현했습니다. 참고 부탁드립니다.

글 프랑수아 라세르

세밀화로 본 정원 속 작은 곤충들

일러스트 마리옹 반덴부르크

옮긴이 이나래

감수 김흥태

추천사

'작은 동물과 작은 식물'에 대한 박물학자들의 관심은 때때로 조롱의 대상이 되곤 한다. 오늘날에는 '작은' 생물보다 훨씬 중요한 문제가 존재한다는 질타다. 하지만 크기와 중요성을 같은 선상에 놓고 평가하는 일은, 특히 지구의 생물 다양성이 크게 훼손되고 있는 지금 더욱더 강력하게 비난받아 마땅한 실수다.

우선 수 킬로그램의 무게가 나가고 수십 년을 사는 인간을 포함한 '거대한 종'들은 생물 다양성의 극히 일부분에 지나지 않는다는 사실을 기억해야 한다. 우리는 육지 또는 바다에 사는 거대한 포유류와 위엄 넘치는 새, 숲속 나무들의 존재에 감탄해 마지않지만, 그러한 종을 다 합해도 총 생물량(전체 동식물군의 총량)의 고작 몇 퍼센트에 지나지 않는다. 생물의 절대 다수는 1그램이 채 되지 않고 1년을 살지 못한다.

풍요로움과 다양성은 맞닿아 있다. 생물 종수를 세고, 최신 게놈 연구 데이터를 봐도 '거대한 생물종'이 진화라는 커다란 나무의 잔가지에 지나지 않는다는 사실을 확인하게 된다. 여기에서도 다양성의 중심은 작은 생물, 심지어는 단 하나의 세포로 구성된 생명체에게 있다.

생태계가 어떻게 돌아가는지 고려해 보면 이 작은 존재들이 기여하는 바는 크다. 탄소, 질소, 인의 거대한 순환 주기를 만드는 주체는 이 '작은 손들'이지만, 우리는 이들의 독창적인 '노하우'에 대해 극히 일부분밖에 알지 못한다. 우리의 안락한 삶과 심지어 생존까지도 수분 매개자, 재활용자, 포식자, 분해자들이 지치지도 않고 분주히 움직여 주는 덕분에 가능하다. 마치 가장 높은 갑판에서 생활하면서, 배 밑바닥에서 우리의 안락한 삶을 위해 바삐 일하는 이들에 대해 모르는 유람선의 1등석 승객들과 같은 셈이다.

따라서 이 작은 손들을 보살피고 싶다면 이들의 이름과 모습, 습관과 욕구를 아는 일이 중요하다. 우리는 알지도 못하는 사이에 종종 이들을 방해하곤 하지만, 사실 이 작은 생물들을 존중하기는 어렵지 않다. 이 책에서 소개하는 곤충과 거미, 절지동물의 초상 백여 점은 여러분이 작은 손들과 관계를 맺도록 돕고, 여러분이 가꾸는 정원의 '사용자'들로서 받아들일 수 있도록 해 줄 것이다. 그들을 관찰하고, 이름을 알고, 자리를 마련해 주는 것만으로도 그들에게는 충분한 보답이 될 터이다.

베르나르 슈바쉬오루이

인류 및 생물 다양성 협회장

머리말

우리 주위에는 수없이, 아니, 셀 수 없이 많은 곤충들이 산다. 곤충들은 여기저기 믿을 수 없을 만큼 많으며, 종류도 다양하고 형태와 습성 역시 모두 다르다. 프랑스의 시골과 도시에는 4만 종이나 되는 수많은 곤충이 살고 있지만, 그 어떤 책도 이들을 모두 소개한 적이 없다!

이 책은 우리와 가까운 공간, 그중에서도 특히 정원의 가장 평범한 이웃들을 간단하게 발견하고 정확하게 관찰할 수 있게 해 주는 초대장이다. '순서'대로 분류된 이 100종 중 일부는 매우 친숙하고 일부는 낯설 것이다. 하지만 우리를 둘러싸고 있는 꽃과 꽃대 또는 잎에 관심을 기울이기만 해도 모든 종과 친숙해질 수 있다. 땅속 역시 우리가 별로 좋아하지 않는 먹이를 노리는 수많은 곤충의 보금자리다.

그렇다. 곤충과 거미로 가득한 정원은 그들이 우리 편의 조수로서 행동할 수 있는 기회의 장이기도 하다. 일부는 우리가 키우는 채소의 수분을 담당하고, 일부는 우리의 걱정거리인 해충을 사냥하거나 그들에게 기생하는 등 모두가 우리 주변에서 살아가며 삶에 생기를 불어넣는다. 살아 있는 정원은 평온과 안락을 보장해 준다.

우리가 정원에서 마주치거나 기꺼이 받아들인 개체가 무엇이든 간에, 우리를 둘러싼 이 작은 생명체들을 더 잘 관찰하고, 이해하고, 존중하는 것이 바로 이 짧은 소개의 본질이다.

차 례

양집게벌레

Forficula auriculata

프랑스에서는 보통 '핀셋 벌레'라고 불리지만 공식 명칭은 양집게벌레다. 양집게벌레는 사람에게 공격적이지 않으며, 그들의 뒷부분에 붙어 있는 '집게'(겸자)는 스스로를 보호하고 짝짓기 시 암컷을 고정하는 역할을 한다. 어느 언어권에서든 이 벌레의 이름에 '귀'라는 단어가 들어간다면, 그것은 낮 동안 쉴 구멍을 찾아 풀밭에서 낮잠을 자는 사람의 귓속을 탐험하려 할지도 모르는 그들의 습성 때문이다. 그러나 이런 일은 거의 일어나지 않기 때문에, 그들이 정원에 미치는 긍정적인 영향을 강조하는 편이 우리에게 더 도움이 된다.

일부 호의적인 정원사들은 이들을 좋아한다. 잡식성인 양집게벌레가 골칫거리인 진딧물을 잡아먹기 때문이다. 양집게벌레의 아래턱은 다른 곤충의 등껍질을 뚫고 자를 수 있다. 계절에 따라 잘 익은 과일을 먹기도 하지만, 일반적으로는 장미 꽃잎 사이나 샐러드 중심부에서 '골칫거리'인 진딧물 녀석들을 먹어 치운 후 쉬고 있는 양집게벌레를 발견할 수 있다.

일부 호의적인 정원사들은 이들을 좋아한다.
잡식성인 양집게벌레가 골칫거리인 진딧물을 잡아먹기 때문이다.

우리는 낙엽으로 양집게벌레가 쉴 수 있는 곳을 마련하고 그들이 찾아오기를 기다린 다음, 진딧물로부터 공격받는 과실수로 거처를 옮겨 주기만 하면 된다. 보통 쉴 곳이 있고 은신처와 외진 곳이 있는 정원이라면 까다롭지 않은 양집게벌레가 서식하기 좋은 환경이다.

암컷 양집게벌레는 알이 부화할 때까지 곁을 지키는 모성애를 보인다. 암컷은 알을 지키고 정성껏 보살피며 포식자와 질병으로부터 보호한다. 일단 부화하고 나면 새끼들은 어미가 남긴 영양분, 즉 어미의 사체를 먹고 자란다. 이 넘치는 에너지는 새끼 양집게벌레들이 살아남을 확률을 높인다.

무지막지하게 더운 날, 매우 드물게 양집게벌레가 날아오르는 모습을 볼 수도 있다. 그렇다. 양집게벌레는 작은 덮개 아래 고이 접혀 있는 날개를 펴고 날아올라 관찰하고 있던 사람에게 놀라움을 선사하기도 한다!

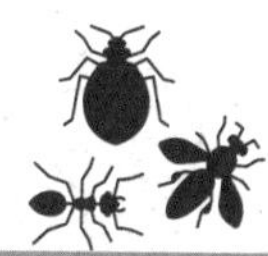
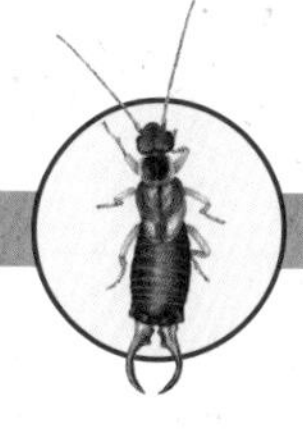

양집게벌레의 먹이는 무엇일까?

무궁화 씨, 다른 곤충의 알, 죽은(때로는 살아 있는) 곤충

양집게벌레의 천적은 무엇일까?

고슴도치, 새

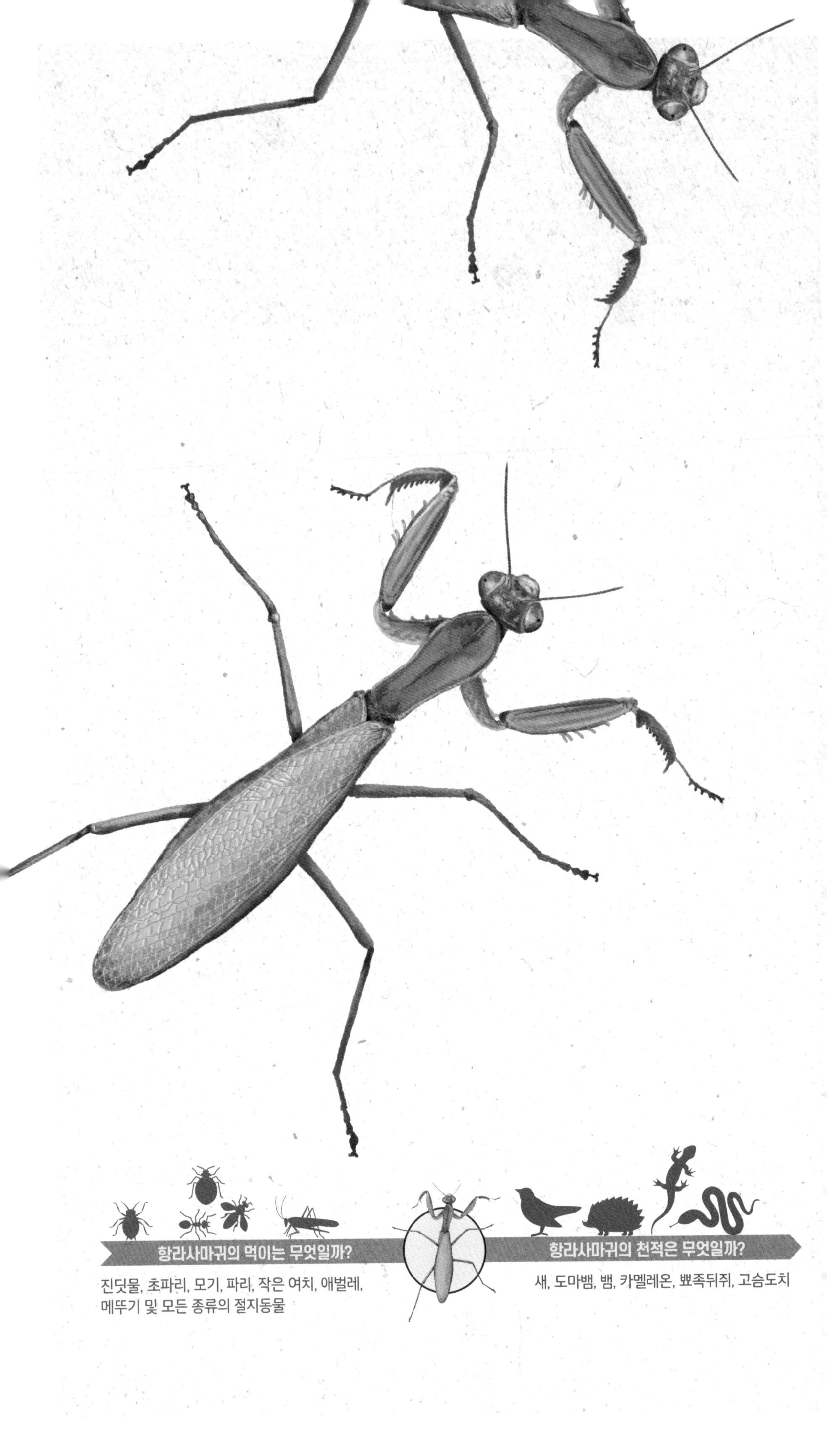
항라사마귀의 먹이는 무엇일까?
진딧물, 초파리, 모기, 파리, 작은 여치, 애벌레,
메뚜기 및 모든 종류의 절지동물
항라사마귀의 천적은 무엇일까?
새, 도마뱀, 뱀, 카멜레온, 뾰족뒤쥐, 고슴도치

항라사마귀

Mantis religiosa

01 커다란 곤충과 맞닥뜨리면 일반적으로 깜짝 놀라기 마련이다. 항라사마귀의 크기와 모양, 색깔, 삼각형 머리는 사람을 놀라게 한다. 관리가 잘된 주변 정원에서는 이들과 마주칠 일이 거의 없다. 항라사마귀의 서식지는 잡초가 무성히 자라나 이동이 쉽고 매복한 채로 다양한 먹잇감을 노릴 수 있는 야생 초원이다. 잡초를 성큼성큼 돌아다니는 귀뚜라미, 노린재, 꽃 주변을 맴도는 꿀벌이나 말벌이 포획에 특화된 항라사마귀의 앞다리와 멀지 않은 곳을 지나간다면 순간의 방심에 꼼짝없이 잡혀 버리고 만다. 항라사마귀 앞다리에는 톱니가 숨겨져 있어 잡은 먹이를 손쉽게 해체하고 붙잡아 둔다.

들꽃과 '영국식' 정원의 자유로움을 기꺼이 즐기는 정원사라면,
사마귀의 출현은 골칫거리 곤충들에 맞서 싸울 무기를
얻는 것이나 마찬가지다.

사마귀는 자신의 영역을 침범한 또 다른 사마귀를 공격하거나 잡아먹기도 하고, 암컷은 짝짓기 도중 수컷을 먹는다. 무조건적으로 벌어지는 일은 아니지만, 그럼으로써 알 주머니에 약 200개의 알을 낳을 때 필요한 에너지를 충당한다. 일부 곤충들은 이처럼 주머니에 알을 낳곤 하는데, 풀숲 아래에 숨겨진 항라사마귀의 알 주머니는 단단한 거품으로 되어 있어 알을 보호하며 겨우내 악천후를 완벽하게 차단한다.

정원에 항라사마귀를 불러들이려면 무성한 수풀이 있어야 하는데, 이러한 환경은 이 책에서 소개하는 다른 수많은 곤충에게도 유용하다. 미적인 집착에서 벗어나 정원 가장자리를 다듬지 않는 것만으로도 충분하다. 어차피 이곳은 따로 관리가 필요하지 않다. 들꽃과 '영국식' 정원의 자유로움을 기꺼이 즐기는 정원사라면, 사마귀의 출현은 골칫거리 곤충들에 맞서 싸울 무기를 얻는 것이나 마찬가지다. 때때로 꽃의 수분을 돕는 꿀벌이나 파리 또한 포획에 특화된 사마귀의 앞다리를 피하지 못하고 먹잇감이 된다. 하지만 생기 있는 정원에서 수도 없이 일어나는 예상 밖의 일들은 주로 우리에게 유리한 방향으로 전개되곤 한다.

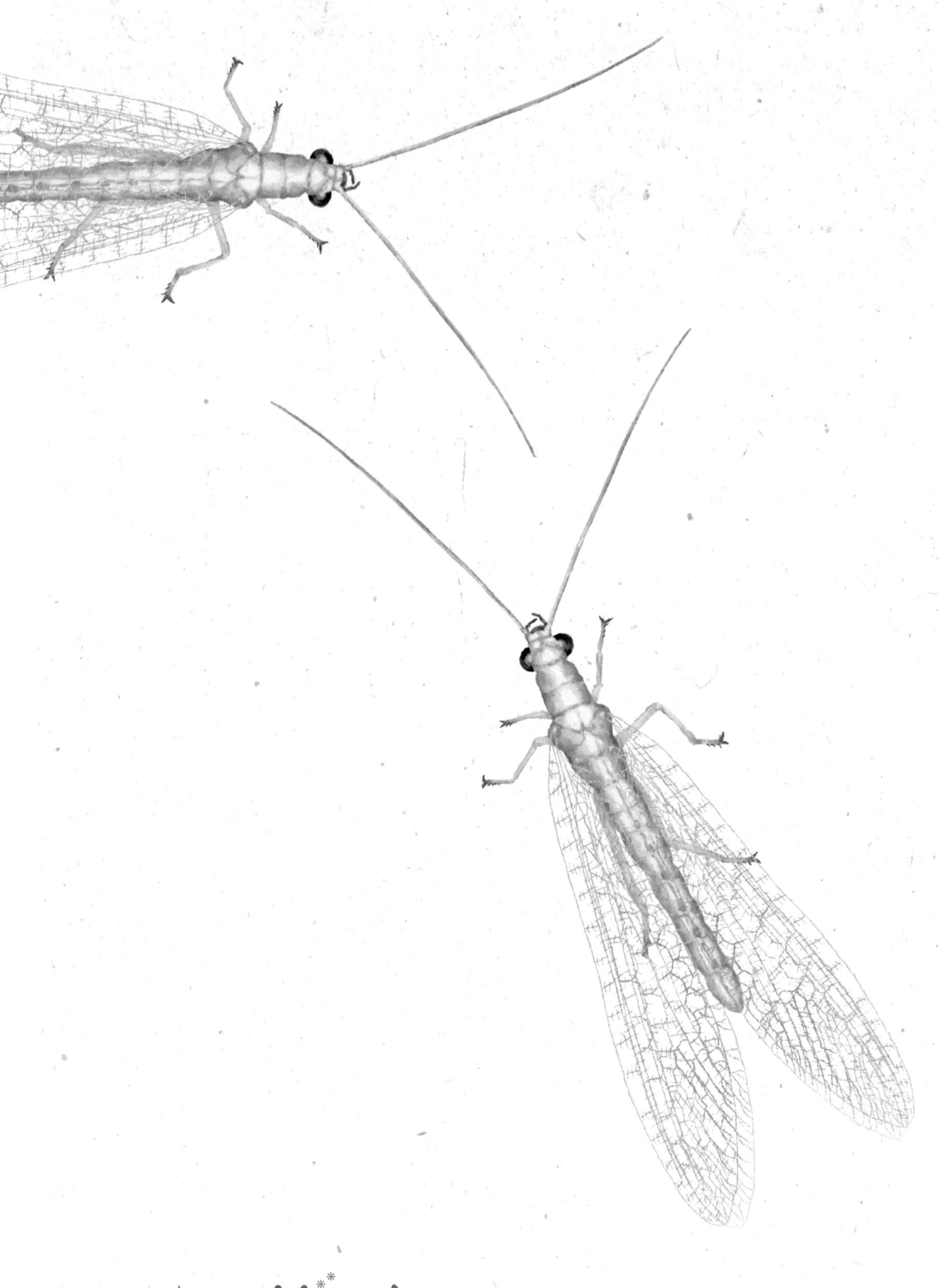

진딧물, 응애, 꽃꿀, 꽃가루(성체), 깍지벌레, 애벌레, 나비목

박쥐, 새, 포유류, 양서류

어리줄풀잠자리

Chrysopa carnea

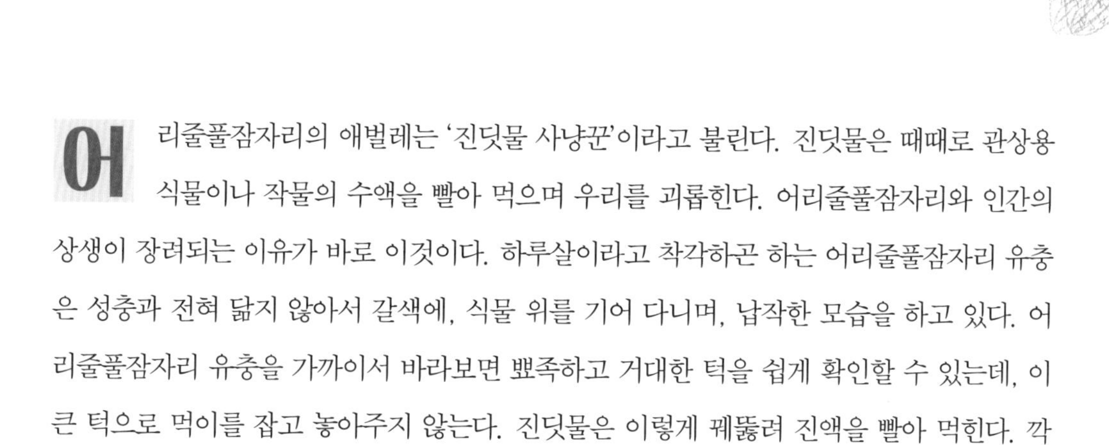

어리줄풀잠자리의 애벌레는 '진딧물 사냥꾼'이라고 불린다. 진딧물은 때때로 관상용 식물이나 작물의 수액을 빨아 먹으며 우리를 괴롭힌다. 어리줄풀잠자리와 인간의 상생이 장려되는 이유가 바로 이것이다. 하루살이라고 착각하곤 하는 어리줄풀잠자리 유충은 성충과 전혀 닮지 않아서 갈색에, 식물 위를 기어 다니며, 납작한 모습을 하고 있다. 어리줄풀잠자리 유충을 가까이서 바라보면 뾰족하고 거대한 턱을 쉽게 확인할 수 있는데, 이 큰 턱으로 먹이를 잡고 놓아주지 않는다. 진딧물은 이렇게 꿰뚫려 진액을 빨아 먹힌다. 깍지벌레나 애벌레, '사과응애'까지도 마찬가지다.

유충은 포식자로서 군림하지만 성충은 꽃가루와 꽃꿀을 찾아 돌아다닌다. 곤충들이 분비하는 당분도 좋아하기에 일부 풀잠자리의 경우 성충 또한 포식자다. 어리줄풀잠자리는 특이하게도 가느다란 실 끝에 알을 매달아 천적의 접근을 막는다. 봄부터 진딧물 군집과 멀지 않은 곳에서 이를 관찰할 수 있다.

이 큰 턱으로 먹이를 잡고 놓아주지 않는다.
진딧물은 이렇게 꿰뚫려 진액을 빨아 먹힌다.

유충은 눈에 잘 안 띄는 편이지만 성충은 선명한 초록색과 몸 위에 붙은 커다란 막질의 날개, 그리고 조금씩 다가갈수록 확실히 눈에 띄는 황금빛 눈 덕분에 쉽게 알아볼 수 있다.

가을에는 집에서 어리줄풀잠자리와 만나기도 한다. 실제로 한 해의 마지막 세대는 성충인 채로 은신처에서 겨울을 난다. 어리줄풀잠자리는 울퉁불퉁한 곳, 균열이 있는 곳 또는 작은 굴을 찾는데, 우리의 건물은 그들의 마음을 끌 수 있다. 다만 너무 더우면 겨우내 잠을 자지 못하기 때문에 그럴 때는 밖에 내놓거나, 겨울 전에 은신처를 제공(인터넷에서 방법을 찾을 수 있다)하는 편이 좋다.

관찰하기: 겨울을 나는 개체들은 초록색이 아니라 일반적으로 갈색인 경우가 많다. 그렇게 함으로써 가을 및 겨울 풍경에 녹아들어 천적의 눈에 띄지 않을 확률이 높아진다.

유럽별노린재

Pyrrhocoris apterus

이름은 중요치 않다(이름이 너무 많다). 유럽별노린재는 흔히 볼 수 있는 알록달록한 작은 장난꾸러기다. 특히 햇빛이 내리쬐면 눈에 띄는 빨간색과 검정색 모습으로 정원을 활기차게 만든다. 그들의 습성 중 하나는 또 다른 이름인 '한낮바라기'에서도 잘 알 수 있듯 햇빛 아래 모여드는 것이다. 봄과 겨울에 군집해 있는 모습에 놀랄 수도 있지만 유럽별노린재는 우리의 친구다. 잡식성이며, 일부 과일의 과즙(보리수 과즙을 가장 좋아한다)을 빨아 먹거나 뾰족한 입으로 진딧물과 같은 작은 곤충의 등껍질을 뚫고 잡아먹는다.

잡식성이며, 일부 과일의 과즙(보리수 과즙을 가장 좋아한다)을
빨아 먹거나 뾰족한 입으로 진딧물과 같은
작은 곤충의 등껍질을 뚫고 잡아먹는다.

유럽별노린재는 노린잿과로 특유의 입과 앞날개 앞부분 위의 가죽질 날개로 쉽게 알아볼 수 있다. 유럽별노린재는 날개가 있어도 매우 짧아 날 수가 없다. 자연적 선택에 의해 날개가 없어져 땅 생활에 적응했으며, 벽이나 나무를 타고 기어오른다.

등껍질을 장식하고 있는 검은 반점을 주의 깊게 들여다보면 사람의 가면 같은 문양을 쉽게 발견할 수 있는데, 보다 주의 깊게 들여다보면 그 무늬가 겹치는 일 없이 각각 다르다는 사실을 알 수 있다. 곤충들도 인간이나 다른 동물과 마찬가지로 개체 각각의 모습이 모두 다르다는 사실을 알 수 있는 소중한 기회다. 경찰 또는 군인벌레라고 불리는 이유는 뭘까? 유럽별노린재의 색깔과 모양이 17세기 말 경찰의 옷차림을 연상시키기 때문이다.

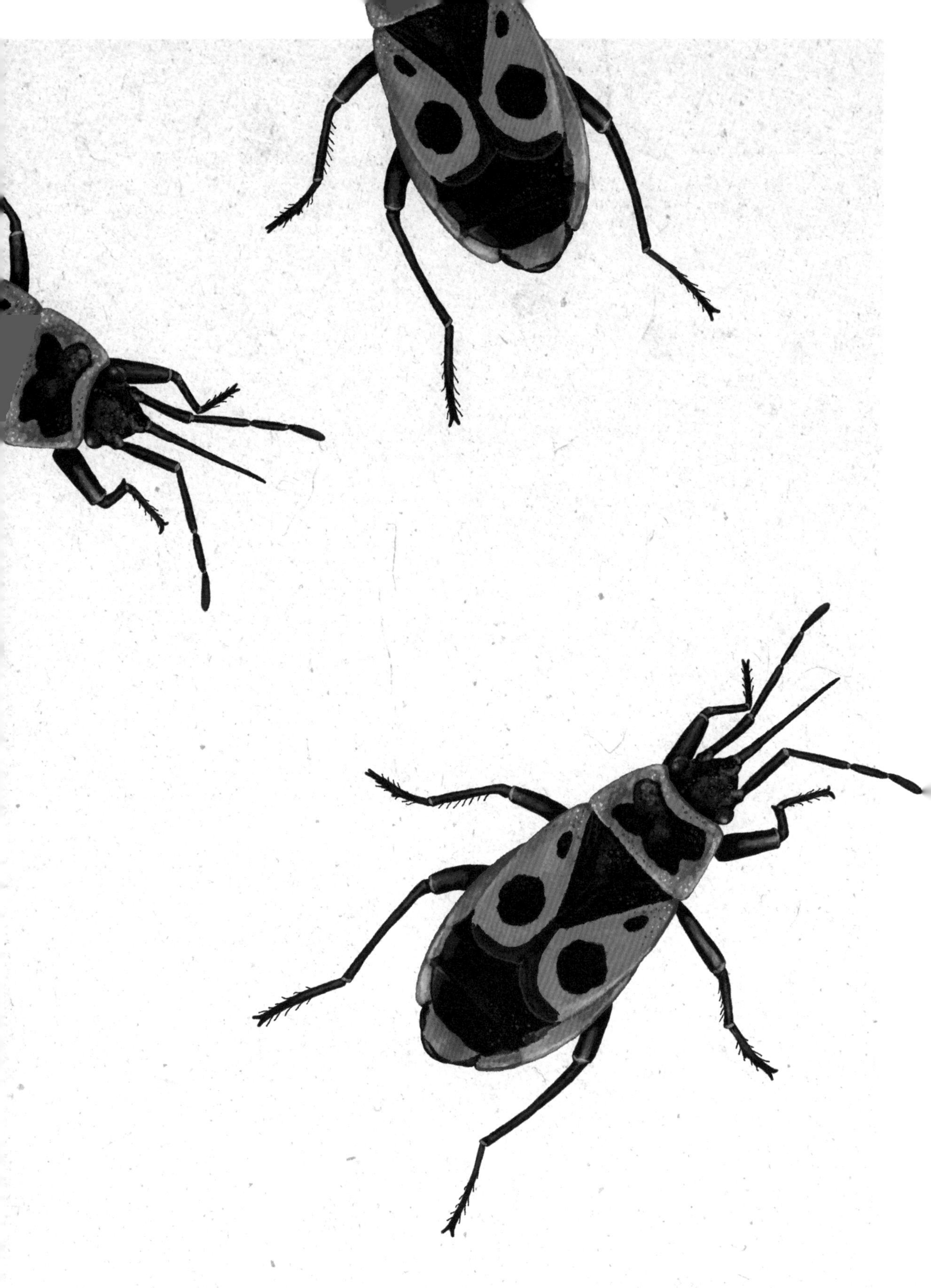

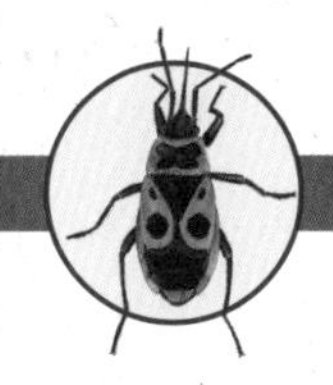

유럽별노린재의 먹이는 무엇일까?

무궁화과 씨앗, 다른 곤충의 알,
죽은(때때로 살아 있는) 곤충

유럽별노린재의 천적은 무엇일까?

뾰족뒤쥐, 새

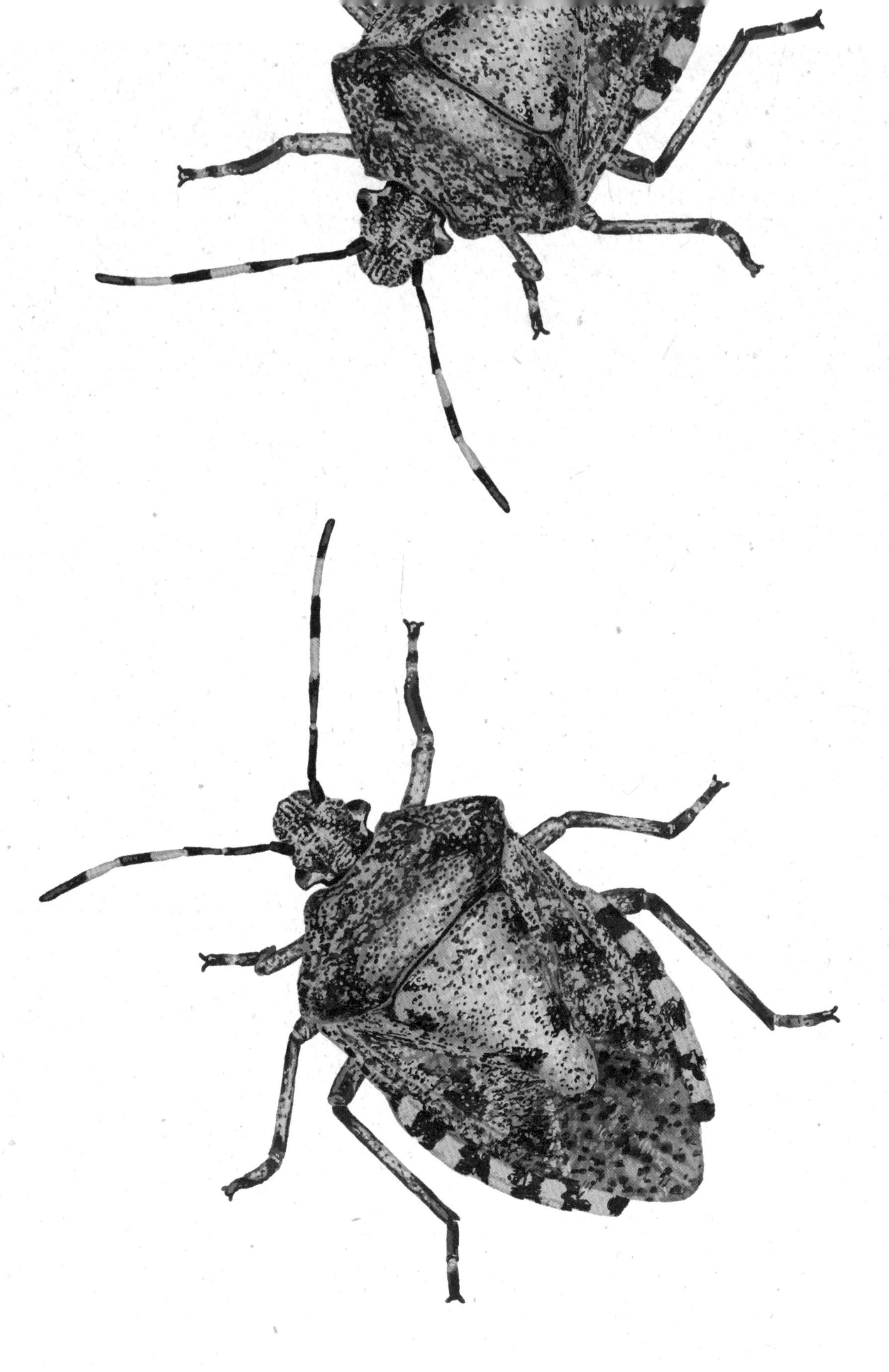

반점노린재의 먹이는 무엇일까?

낙엽수 수액, 죽은 곤충

반점노린재의 천적은 무엇일까?

땅벌류, 거미, 두꺼비, 새

반점노린재

Rhaphigaster nebulosa

가을에 반점노린재는 겨울을 날 보금자리를 찾으면서, 특히 사람이 사는 집에 들어가다가 발견되곤 한다. 반점노린재는 겨울을 날 보금자리를 찾지만 따뜻하지 않은 곳을 선호한다. 많이 닮은 사촌 격인 썩덩나무노린재와 마찬가지로 반점노린재도 성충인 상태로 겨울을 난다. 다른 곤충들이 알, 유충, 번데기* 상태로 나무껍질, 땅속 또는 그 외의 곳에 숨어 겨울을 나는 것과 대비된다. 일단 보금자리를 찾으면 반점노린재의 몸은 완전히 대기 모드, 즉 휴면 상태가 되어 어떠한 에너지도 필요로 하지 않는 상태로 6개월을 버틴다. 반점노린재는 봄에 다시 기어 나와 성충으로서의 짧은 생을 끝마치고 자손인 알을 낳는다. 따라서 반점노린재가 집에 들어오면 바깥으로 내보내 주는 편이 좋다. 집의 온기가 반점노린재의 겨울나기를 방해해 결국 죽음에 이르게 하기 때문이다.

반점노린재는 무시무시한 포식자는 아니지만 정원의
'달갑지 않은 손님'들의 수를 줄이는 데 조금은 기여한다고 할 수 있다.

모든 초식 노린재들이 그러하듯, 그들의 길고 뾰족한 입은 수액과 진액을 잘 빨아들인다. 게다가 그 뾰족한 입은 죽었거나, 살아 있거나, 거의 움직이지 않는 곤충들의 딱딱한 껍질을 뚫는 데도 용이하다. 반점노린재는 무시무시한 포식자는 아니지만 정원의 '달갑지 않은 손님'들의 수를 줄이는 데 조금은 기여한다고 할 수 있다.

노린잿과의 모든 노린재들처럼 반점노린재의 더듬이는 맨눈으로 보기에 다섯 부분으로 되어 있으며, 일반적인 외형은 대체로 '풀노린재'처럼 묘사된다. 반점노린재는 괴롭히지 않는 편이 좋다. 방해를 받으면 강력한 냄새를 뿜어내기 때문인데, 이 화학적 무기 덕분에 포식자에게 경계의 대상이 된다.

* 번데기: 일부 곤충이 변태하기 위해 일반적으로 움직이지 않는 상태. 나비의 번데기를 나비번데기chrysalis라고 한다.

풀노린재

Palomena prasina

이번에 소개할 곤충은 선명한 초록색이 특징인 풀노린재다. 다른 노린재들과 마찬가지로 풀노린재는 밭과 정원에서 종종 발견된다. 노린재의 형태는 여러 가지이지만, 우리가 알아보는 것은 오직 이 전형적인 형태를 하고 있는 노린잿과*Pentatomidae*의 커다란 녀석들이다. 프랑스어로 '노린재Punaise'라는 이름은 '악취를 풍기는, 냄새가 역한'이라는 뜻의 라틴어 putinasius에서 유래했다. 즉 인간은 노린재가 나쁜 냄새를 풍긴다는 사실을 아주 오래 전부터 알고 있던 셈이다. 노린재의 천적들 또한 공격을 하면 악취로 반격당할 수 있다는 사실을 알고 있다.

겨울이 오기 전, 여름과 가을 동안 풀노린재의 색은 대부분 어두워져 점점 갈색을 띠는데, 이 같은 색 변화 덕에 때때로 우리의 눈에 띄지 않은 채 건물 안에서 움직이지 않고 봄을 기다리며 겨울을 난다.

> 일부 풀노린재는 종종 뾰족한 입으로 과실수를 찌르기 때문에 그들의 존재가 늘 환영받지는 못하지만, 상업적으로 가꿔지는 정원이 아니라면 그들의 존재는 해가 되지 않는다.

일부 풀노린재는 종종 뾰족한 입으로 과실수를 찌르기 때문에 그들의 존재가 늘 환영받지는 못하지만, 상업적으로 가꿔지는 정원이 아니라면 그들의 존재는 해가 되지 않으며 풀색의 작은 활기를 가져다주기도 한다. 풀노린재의 약충은 날개가 없지만 일반적으로 나뭇잎 아래, 알이 있던 장소에서 조금씩 벗어난다. 또한 풀노린재나 다른 노린재의 경우 알을 한곳에 모아 낳는데, 마치 작은 구슬끼리 다닥다닥 붙어 있는 모양새다.

일반적으로 노린재의 날개는 반은 질기고 딱딱하며, 나머지 반은 막으로 되어 있고, 끝쪽이 얇다. 종류가 무엇이든, 우리가 정원에서 마주치는 수많은 곤충은 이러한 모양새를 취한다.

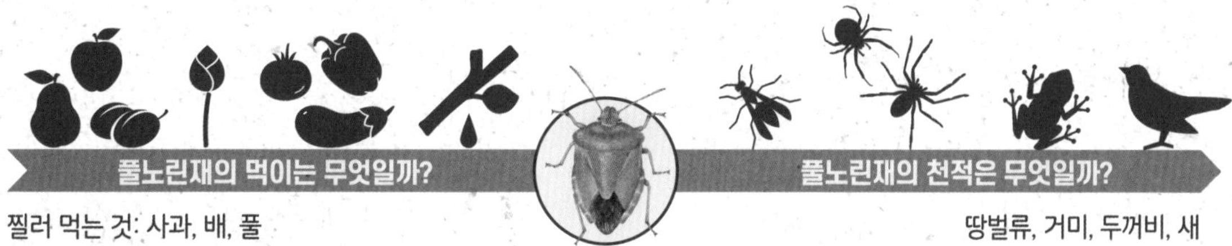

찔러 먹는 것: 사과, 배, 풀
빨아 먹는 것: 가지의 꽃봉오리 부분, 피망, 토마토, 수액

땅벌류, 거미, 두꺼비, 새

북방허리노린재

Coreus marginatus

때때로 산딸기를 따서 한입에 씹어 먹는데…… 벌레 맛이 날 때가 있다! 바로 여기 범인이 있다. 특유의 냄새를 뿌리고 다니는 노린재다. 포식자가 공격을 하거나, 꼼짝 않고 있는 노린재의 존재는 꿈에도 모른 채 우리가 산딸기에 손을 댈 때 방해를 받은 노린재는 냄새를 분비한다. 노린재는 길고 뾰족한 입으로 작은 산딸기 열매를 찔러 즙을 빨아 먹는다. 우리와 마찬가지로 맛을 느끼면서 말이다.

북방허리노린재는 장과의 즙이나 식물 줄기의 수액을 빨아 먹으며, 가장 좋아하는 식물은 야생 수영이다. 수영은 흔히 '잡초'로 묘사되지만 사람도 먹을 수 있으며, 수많은 곤충의 보금자리와 먹이가 되어 주기 때문에 벌레들이 우리가 키우는 열매에 손대지 않도록 해 준다.

노린재의 경고성 냄새는 아주 오래 전부터 알려져 있던 셈이다.
특별한 샘에서 분비되는 이 악취는 새나 도마뱀 같은 천적을
쫓아내거나, 식욕을 떨어뜨리거나, 중독시킨다.

북방허리노린재는 모든 노린재들과 마찬가지로 어린 개체일 때도 성충을 조금 닮았다. 단지 성충만의 특징인 날개로 뒤덮여 있지 않아 등이 훤히 드러나 있을 뿐이다. 생의 초기에는 발로, 그다음에는 날아서 이동하거나 도망가지만 첫 번째 방어 수단은 오히려 위장 또는 움직임 없이 버티는 것이다.

노린재라는 단어는 나쁜 냄새를 풍긴다는 의미의 라틴어 putinasius에서 유래했다. 노린재의 경고성 냄새는 아주 오래 전부터 알려져 있던 셈이다. 특별한 샘에서 분비되는 이 악취는 새나 도마뱀 같은 천적을 쫓아내거나, 식욕을 떨어뜨리거나, 중독시킨다. 또 다른 냄새 분자는 젊은 개체끼리 모이거나 짝짓기와 관련해 의사소통할 수 있게 한다. 이 분자는 또한 세균 또는 곰팡이성(진균류) 일부 질병으로부터 그들을 보호한다.

많은 곤충이 의사소통에 페로몬(냄새)을 이용하지만, 노린재의 이 경고성 냄새는 그야말로 독특하면서도 전형적이다!

북방허리노린재의 먹이는 무엇일까?
장과(오디, 산딸기, 까치밥나무 열매), 씨앗(수영),
식물, 수액 (수영, 분홍바늘꽃, 개쑥갓, 대황)
북방허리노린재의 천적은 무엇일까?
고슴도치, 새, 땅벌류, 거미

아를레키노홍줄노린재의 먹이는 무엇일까?

영양분이 풍부한 식물(어수리, 당귀, 전호, 고수, 회향, 에린지움, 파스닙, 기름나물, 당근 등등)

아를레키노홍줄노린재의 천적은 무엇일까?

새, 고슴도치, 땅벌류, 거미

아를레키노홍줄노린재

Graphosoma italicum

위에는 줄무늬, 아래는 점박이인 이 우스꽝스러운 무늬는 17세기에 유행한 이탈리아 대중 연극 콤메디아 델라르테의 등장인물 아를레키노의 복장을 닮았다. 아를레키노의 무늬는 원래 매우 알록달록하지만, 빨간색과 검정색으로만 이뤄져 있을 때도 있다. 정원에서 꽃들을 수분하고 있는 아를레키노홍줄노린재와 마주치기라도 하면 살아 움직이는 작은 배우들이 떠오른다.

아를레키노홍줄노린재의 형태와 색깔에 무관심한 사람은 거의 없을 것이다. 동그랗고 빨갛고 까만 곤충이라면 으레 우리의 주의를 끌지 않는가. 무당벌레와는 전혀 닮지 않은 아를레키노홍줄노린재는 특히 산형과 야생화가 자라는 모든 정원에 보편적으로 존재한다. 이 꽃들은 다소 납작한 둥근 지붕 형태인데, 이곳에 모여 꽃꿀을 평온하게 홀짝이거나 작은 과실의 과즙을 빨아 먹는 노린재들을 쉽게 관찰할 수 있다.

무당벌레와는 전혀 닮지 않은 아를레키노홍줄노린재는 특히 산형과
야생화가 자라는 모든 정원에 보편적으로 존재한다.

아를레키노홍줄노린재의 포식자는 우리보다 더 아를레키노홍줄노린재를 경계한다. 껍질의 붉은색은 혹시 이 노린재가 독을 가지고 있다고 경고하는 것일까? 아니면 말벌과 같은 줄무늬가 있으니 찌르며 공격하지는 않을까? 게다가 아를레키노홍줄노린재의 몸쪽 다리 부분에는 방어용 냄새가 뿜어져 나오는 작은 구멍이 있다. 이 구멍 때문에 노린재는 노린재라고 불리게 되었다. 왜냐하면 '노린내'가 나니까!

눈에 잘 띄지 않는 아를레키노홍줄노린재의 작은 유충은 동그랗고 흐릿한 색깔을 하고 있다. 유충 때부터 방어용 냄새를 분비하고, 뾰족한 입이 있어 수액이나 즙을 빨아 먹는다. 다른 모든 곤충들과 마찬가지로 아를레키노홍줄노린재 유충은 날개가 없지만 성충이 되면 아주 잘 난다.

잠두진딧물의 먹이는 무엇일까?

수액(무우류, 잠두콩, 강낭콩, 감자, 한련)

잠두진딧물의 천적은 무엇일까?

꽃등에, 무당벌레, 풀잠자리, 땅벌류

잠두진딧물

Aphis fabae

진딧물은 작고 뾰족한 입으로 식물 줄기를 뚫고 수액을 빨아 먹는다. 식물이 진딧물로 뒤덮이면 생명을 유지하는 능력이 저하되고, 사라지기까지 한다. 게다가 천적이 없었다면 진딧물의 번식 능력은 깜짝 놀랄 수준이었을 것이다. 단 한 쌍의 진딧물이 1년 만에 수십만 마리의 자손을 생산해 내기 때문이다.

다행히도 진딧물은 진화를 거듭하는 동안 수많은 천적이 선호하는 먹이가 되었다. 놀라울 정도로 많은 곤충 집단이 진딧물의 희생으로 삶을 살아가는데, 그중에는 가장 유명한 무당벌레 외에도 땅벌류, 호리꽃등에(141쪽 참조) 기생충, 어리줄풀잠자리(15쪽 참조) 등이 있다.

잠두진딧물이 수많은 천적을 끌어들이기 때문에 여기저기 모여 있는 진딧물 무리를 내버려 두는 편이 유용하다. 또는 한련 같은 매력적인 식물로 진딧물을 유인해 다른 곳으로 이동시킬 수도 있다.

윤이 나지 않는 까만색 껍데기를 두른 잠두진딧물이 속한 진딧물과는 규모가 커서 다양한 종을 아우른다. 모든 종류의 진딧물은 뾰족한 입으로 식물 줄기를 뚫어 수액을 빨아 먹고 작은 물방울 모양으로 여분의 설탕을 배출해 낸다. 이 달콤한 분비물을 진딧물의 감로라고 부른다. 많은 개미들이 이 분비물에 열광하는데, 천적으로부터 진딧물을 보호해 줄 정도다. 양봉업자들은 꿀벌이 모은 이 분비물로 '감로꿀'이라고 불리는 꿀을 만들어 낸다.

잠두진딧물이 수많은 천적을 끌어들이기 때문에 여기저기 작은 진딧물 무리가 모여 있다면 내버려 두는 편이 유용하다. 또는 한련 같은 매력적인 식물로 진딧물을 유인해 다른 곳으로 이동시킬 수도 있다. 이곳저곳 자리를 잡은 진딧물 무리를 따라 천적들이 자유롭게 정원의 다른 곳으로 이동할 것이다. 이렇듯 이 작은 곤충을 매우 가까이, 심지어 돋보기를 사용해 다른 시각으로 들여다보면 매우 놀라운 일이 벌어질 수 있다!

밑들이

Panorpa communis

이 곤충은 우리 주변에 있다. 정원과 시원하고 습기가 많은 나무 아래에 말이다. 다만 우리가 제대로 인식하지 못할 뿐이다. 아마도 밑들이가 무리 지어 다니지 않는데다 조용하고 빠르게 날아다니고, 커다란 모기를 닮았기 때문(사촌인가?)일 것이다. 곤충 애호가만이 쐐기풀 사이의 밑들이를 구별하고, 그들의 독특한 형태를 알아본다. 특히 밑들이 수컷은 몸 뒤쪽에 구부러진 커다란 전갈 꼬리를 달고 있다. 이 커다란 꼬리가 그들의 또 다른 이름인 '전갈파리'의 기원이지만, 이 곤충은 파리도 전갈도 아닌 밑들이다. 밑들이는 별도의 밑들이목에 속하는 곤충으로, 잘 알려져 있지 않다. 암컷의 경우 흉부와 꼬리 사이 부분이 매끈하여 그 모습과 존재감을 알아차리기가 훨씬 힘들다.

기회주의자인 밑들이는 사냥을 하거나 널부러져 있는 작은 시체를 먹기도 하고, 거미가 잡아서 거미줄에 감싸 놓은 곤충을 훔치기도 한다.

밑들이에게 가까이 접근하면 그들의 커다란 '주둥이' 끝에 달린, 다른 곤충들을 절단해 버리는 턱을 확인할 수 있다. 밑들이의 유충조차 육식성이며, 날개 없는 애벌레 모양으로 땅속에 몸을 숨기고 있다.

성체의 날개는 검은색 반점으로 눈길을 끈다. 밑들이가 나뭇잎 위에 앉아 있을 때는 이 날개가 평평하게 펴지는데, 이때 조심스레 가까이 다가가면 밑들이의 모든 신체적 특징을 관찰할 수 있다.

기회주의자인 밑들이는 사냥을 하거나 널부러져 있는 작은 시체를 먹기도 하고, 거미가 잡아서 거미줄에 감싸 놓은 곤충을 훔치기도 한다.

밀들이의 먹이는 무엇일까?
꽃꿀, 꽃가루, 죽은 곤충, 식물 찌꺼기, 과즙이 많으나 상한 과일(산딸기, 까치밥나무 열매), 새의 배설물, 파리
밀들이의 천적은 무엇일까?
박쥐, 새, 잠자리, 개구리, 두꺼비, 개미, 노린재

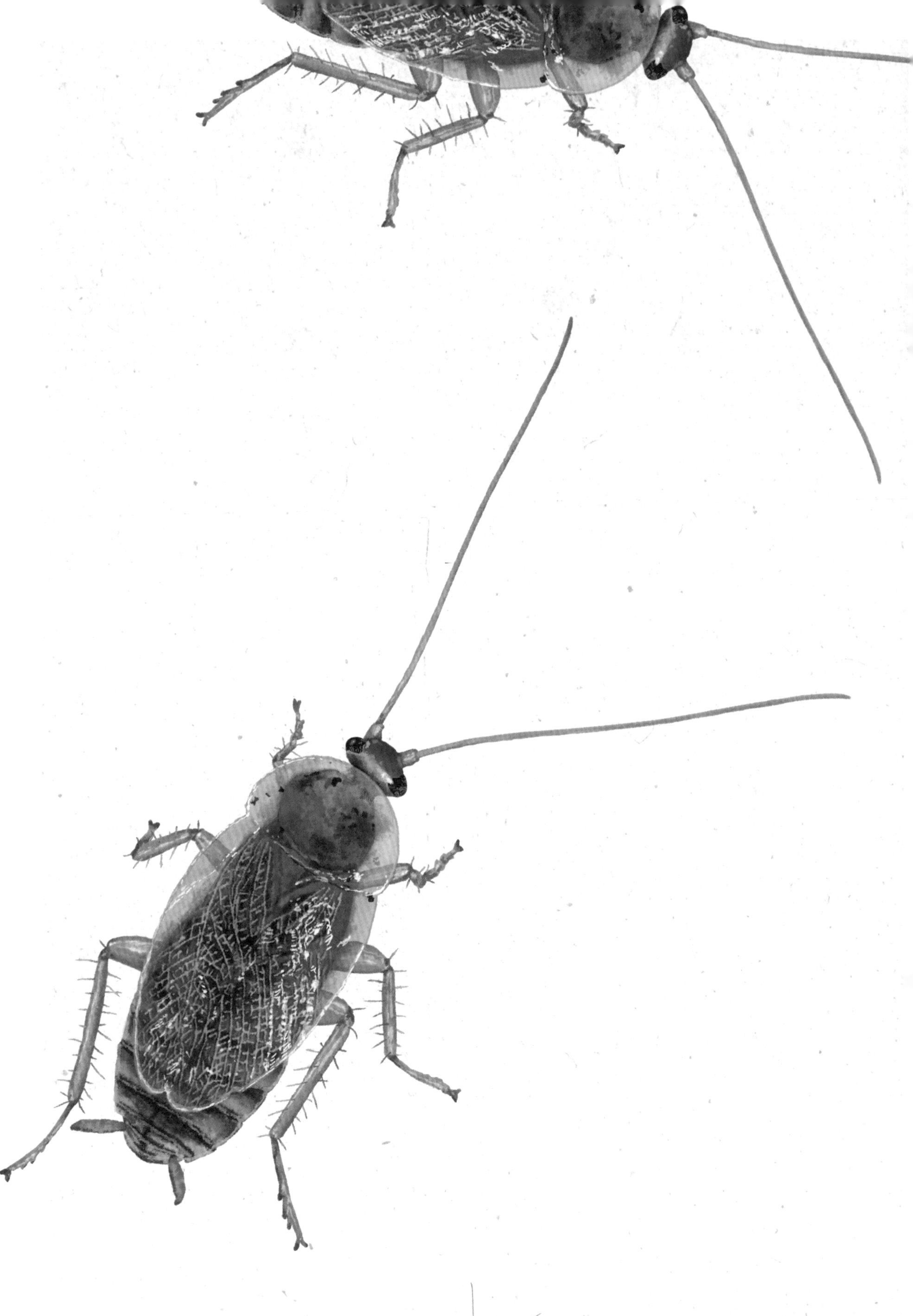

황갈색정원바퀴벌레의 먹이는 무엇일까?

식물 찌꺼기, 작은 동물의 사체

황갈색정원바퀴벌레의 천적은 무엇일까?

뱀, 양서류, 새, 땅벌류, 다지류

황갈색정원바퀴벌레

Ectobius pallidus

황갈색정원바퀴벌레가 집으로 들어오면 '바퀴벌레'를 닮은 그 익숙한 모습에 불안해진다. 하지만 황갈색정원바퀴벌레는 집 바퀴벌레와 다르다. 우리가 아는 바퀴벌레는 따뜻한 나라에서 온 열대 바퀴벌레로, 이제는 따뜻하게 데워진 우리 건물에서 산다. 일반적인 바퀴벌레는 바깥에서 살지 못한다. 프랑스에는 사람이 사는 집에 살지 않는 약 스무 종의 야생 바퀴벌레가 서식 중이다. 이 바퀴벌레 종들은 유럽과 기후가 온화한 국가에서 유래했다.

황갈색정원바퀴벌레는 냄새에 이끌려, 또는 안식처인줄 알고 집에 들어오기도 하지만 가능하다면 바로 다시 나간다. 그들은 풀이나 부엽토에서 다양한 종류의 죽은 식물을 갉아 먹고, 그렇게 함으로써 다시 부엽토를 만드는 데 일조한다. 또한 낙엽을 갉아 먹어 더 작은 생물이 잘 소화 흡수할 수 있도록 만들며, 심지어 식물의 뿌리에 영양분을 제공하기까지 한다.

황갈색정원바퀴벌레는 낙엽을 갉아 먹어 더 작은 생물이 잘 소화 흡수할 수 있도록 만들며, 심지어 식물의 뿌리에 영양분을 제공하기까지 한다.

때때로 황갈색정원바퀴벌레는 높이 매달려 햇빛에 따뜻해진 나뭇잎 여기저기에서 발견되고, 꽃에서 꽃가루를 갉아 먹고 있는 모습이 관찰되기도 한다. 어린 개체도 비슷한 삶을 살지만 마지막 탈피 때 갖게 되는 날개는 아직 없는 상태다. 베이지색 또는 밤색의 다양한 바퀴벌레 종은 우리 곁에서 살고 있다. 날아다니든 아니든 간에 말이다.

암컷은 일종의 캡슐 같은 알 주머니를 만들어 그 안에 알을 숨기는데, 마지막 알을 낳을 때까지 알 주머니를 가지고 다닌다. 이후에 암컷이 알주머니를 내려놓으면 알이 부화하자마자 어린 개체들은 곧바로 독립적으로 살아간다.

핏빛거품벌레의 먹이는 무엇일까?

수액

핏빛거품벌레의 천적은 무엇일까?

새, 거미, 뾰족뒤쥐

핏빛거품벌레

Cercopis vulnerata

핏빛거품벌레는 겉보기에만 핏빛이다. 곤충의 '피'는 색깔이 없거나 때때로 공기와 접촉했을 때 초록색이기 때문이다. 거품벌레는 노린재의 먼 친척이자 매미의 가까운 친척으로, 거의 작은 매미라고도 볼 수 있다. 작은 매미 또는 노린재가 그러하듯 핏빛거품벌레는 뾰족하고 긴 입으로 식물의 수액을 빨아 먹는다. 핏빛거품벌레는 근육의 힘이 좋아 단번에 뛰어 어디로 갔는지 알 수 없게 순식간에 사라져 버리는데, 덕분에 선명한 색깔에도 불구하고 천적으로부터 도망칠 수 있다.

선명한 색을 지니고 있는 곤충들은 때때로 독성을 숨기고 있기 때문에 일부 천적들은 별로 선호하지 않는다. 이럴 때 우리는 이런 외형상의 특징이 천적들에게 경고를 한다는 뜻으로, 곤충이 경고색을 띄고 있다고 말한다. 무당벌레나 일부 붉은 딸기류가 이러한 경우다.

핏빛거품벌레를 비롯해 비슷한 색의 가까운 다른 종들은 우리가 쉽게 볼 수 있는 정원의 작은 주민들이다. 빨강과 검정이 시선을 끄는 색깔인데다 일반적으로 거부감 없이 받아들여지는 만큼 더욱 흔히 눈에 띈다.

어린 개체(약충)는 '뻐꾸기 침cuckoo spit'이라고 불리는 일종의 점액질에 몸을 숨긴다. 자신의 달콤한 분비물에 공기를 넣어 만든 수많은 공기 방울로 풀숲에 '침'과 같은 형태의 점액질을 형성해 그곳에 숨어 보호받는 것이다. 뻐꾸기가 아프리카에서 돌아오는 봄에 거품벌레는 이처럼 거품 덩어리를 만들어 낸다. 거품벌레라는 이름은 이런 행동에서 유래했다. 다른 거품벌레도 마찬가지로 거품을 만드는 데, 성충이 되면 색이 빠지면서 더 잘 은신하고 눈에 띄지 않게 된다.

핏빛거품벌레를 비롯해 비슷한 색의 가까운 다른 종들은 우리가 쉽게 볼 수 있는 정원의 작은 이웃들이다. 빨강과 검정이 시선을 끄는 색깔인 데다 일반적으로 거부감 없이 받아들여지는 만큼 더욱 흔히 눈에 띈다. 그 존재가 천적 또는 기생충을 정원으로 불러들이지만, 결국 다른 '반갑지 않은 손님'들에게 덤벼들게 만드니 거품벌레에게 있어서는 잘된 일이다.

큰녹색수풀여치

Tettigonia viridissima(암컷)

큰녹색수풀여치의 특징은 바로 곤충 애호가가 아닌 일반 대중도 거의 알아본다는 점이다. 큰녹색수풀여치의 초록색이 확신을 주는 것일까? 아니면 '호감 가는' 형태가? 그것도 아니면 얇고 긴 더듬이가? 아니면 이 모든 게 다? 실제로 큰녹색수풀여치에게 거부감을 갖는 이는 드물다. 큰녹색수풀여치에게도 우리에게도 다행한 일이다. 큰녹색수풀여치는 사실 매우 강력한 턱으로 거의 모든 껍질을 잘라 내는 강력한 포식자다. 하지만 정원 일부에 자연적인 초원 또는 무성한 잡초 밭을 포함하고 있는 경우에만 먹이를 찾아 풀 사이를 뛰어다니는 큰녹색수풀여치를 볼 수 있다.

실제로 큰녹색수풀여치에게 거부감을 갖는 이는 드물다.
큰녹색수풀여치에게도 우리에게도 다행한 일이다.
큰녹색수풀여치는 사실 매우 강력한 턱으로 거의 모든 껍질을
잘라 내는 강력한 포식자다.

큰녹색수풀여치는 햇빛이 내리쬐는 풀밭을 좋아하는 곤충에 속한다. 큰녹색수풀여치의 이동과 은신 방법은 특히 이러한 풀밭에서 큰 힘을 발휘한다. 움직이지 않는 큰녹색수풀여치를 찾아내기란 쉬운 일이 아니다. 사람이 다가가면 큰녹색수풀여치는 날아서 도망가기보다는 풀에서 풀로 옮겨 가는데, 이때 식물의 줄기가 큰녹색수풀여치의 무게와 발 힘에 움직이기 때문에 쉽게 눈에 띈다. 이들은 정말로 어쩔 수 없을 때만 날개를 펴고 날아오르는데, 결코 멀리 가지는 않는다.

큰녹색수풀여치의 암컷을 구분하기란 쉽다. 몸 뒤편에 마치 칼날 같은 커다란 산란관을 달고 있기 때문이다. 이 기관은 공격이 아닌, 알을 땅속 깊이 묻어 천적들과 이상 기후 현상에서 알을 보호하는 데 사용된다.

메뚜기목 곤충들 중에서 큰녹색수풀여치는 몸보다 긴 더듬이를 갖고 있다는 점에서 메뚜기와 구분된다. 초록색부터 갈색, 노란색 등 다양한 색깔을 가진 종이 존재하기 때문에 색깔로는 여치인지 메뚜기인지 구별할 수 없다!

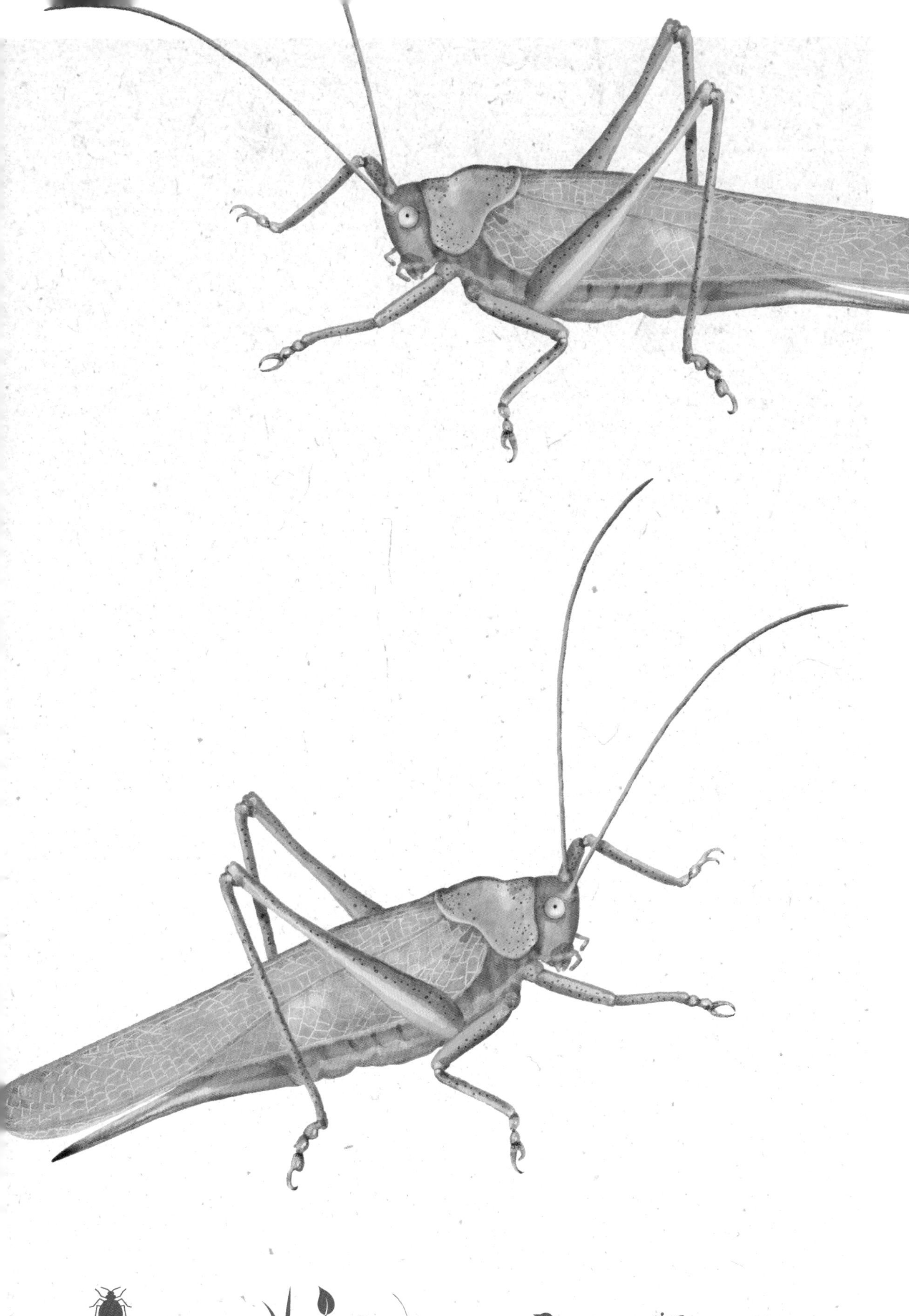

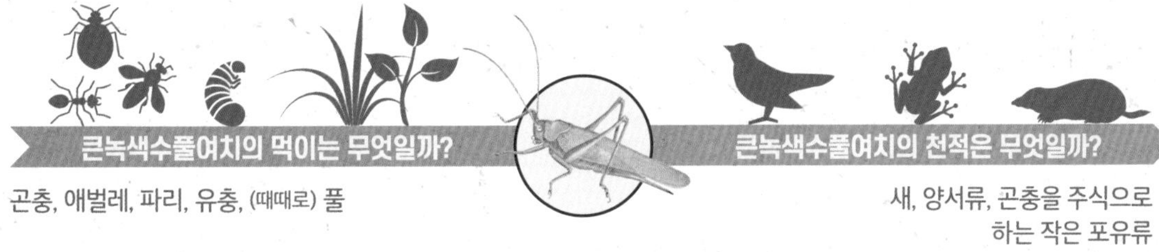

큰녹색수풀여치의 먹이는 무엇일까?

곤충, 애벌레, 파리, 유충, (때때로) 풀

큰녹색수풀여치의 천적은 무엇일까?

새, 양서류, 곤충을 주식으로
하는 작은 포유류

초원애메뚜기

Chorthippus parallelus

초원애메뚜기는 여치, 귀뚜라미와 함께 메뚜기목 곤충에 속하며, 여치나 귀뚜라미와는 달리 몸보다 짧은 더듬이를 갖고 있다. 색깔은 보다시피 종 대부분이 초록색이지만 때때로 갈색이나 자줏빛이기도 하다. 다른 메뚜기 종의 경우 밤색, 노란색, 빨간색 등 다양한 색을 띤다.

초원애메뚜기의 형태와 색깔은 일반적으로 호감을 불러일으키며, 정원을 가꾸는 사람이라면 대부분 메뚜기는 공격적이지 않으니 핍박할 필요도 없다고 생각한다. 그들이 맞다. 유럽에서 멀리 떨어진 곳에서 가끔 보이는 '이동성 메뚜기'를 제외하고 초원애메뚜기는 초식 곤충으로 정원에 해를 끼치지 않으며, 오히려 풀숲에 활기와 움직임을 불어넣고 특히 노랫소리를 퍼뜨린다! 초원애메뚜기는 무성한 풀을 좋아하는데, 특히 조금 축축한 초원을 선호한다.

초원애메뚜기는 초식 곤충으로 정원에 해를 끼치지 않으며,
오히려 풀숲에 활기와 움직임을 불어넣고
특히 노랫소리를 퍼뜨린다!

초원애메뚜기를 보고 싶다면 이러한 조건의 터전이 꼭 필요하다. 그곳에서 초원애메뚜기는 은신처, 먹이 그리고 알을 낳을 장소를 찾는다. 메뚜기의 존재는 대체적으로 정원을 훨씬 자유로운 장소로 만든다. 새들이 메뚜기를 잡으러 찾아오고, 거미가 거미줄로 메뚜기를 잡는다. 천적들이 매우 좋아하는 먹이인 메뚜기는 위장의 명수로 풀 뒤에서 움직이지 않고 몸을 숨길 줄 알며, 너무 가까이 다가가면 순식간에 뛰어올라 날아가 버리지만 초원애메뚜기는 날지 않는다. 초원애메뚜기는 날개가 너무 작아 비행을 하기 어려운데, 특히 암컷이 그렇다. 어린 개체(약충)와 성충을 구분하기 어려울 정도다. 실제로 어린 메뚜기는 성체 메뚜기처럼 생겼으나 날개가 없다.

초원애메뚜기의 먹이는 무엇일까?

식물(볏과)

초원애메뚜기의 천적은 무엇일까?

메뚜기목 곤충, 작은 포유류, 새, 거미

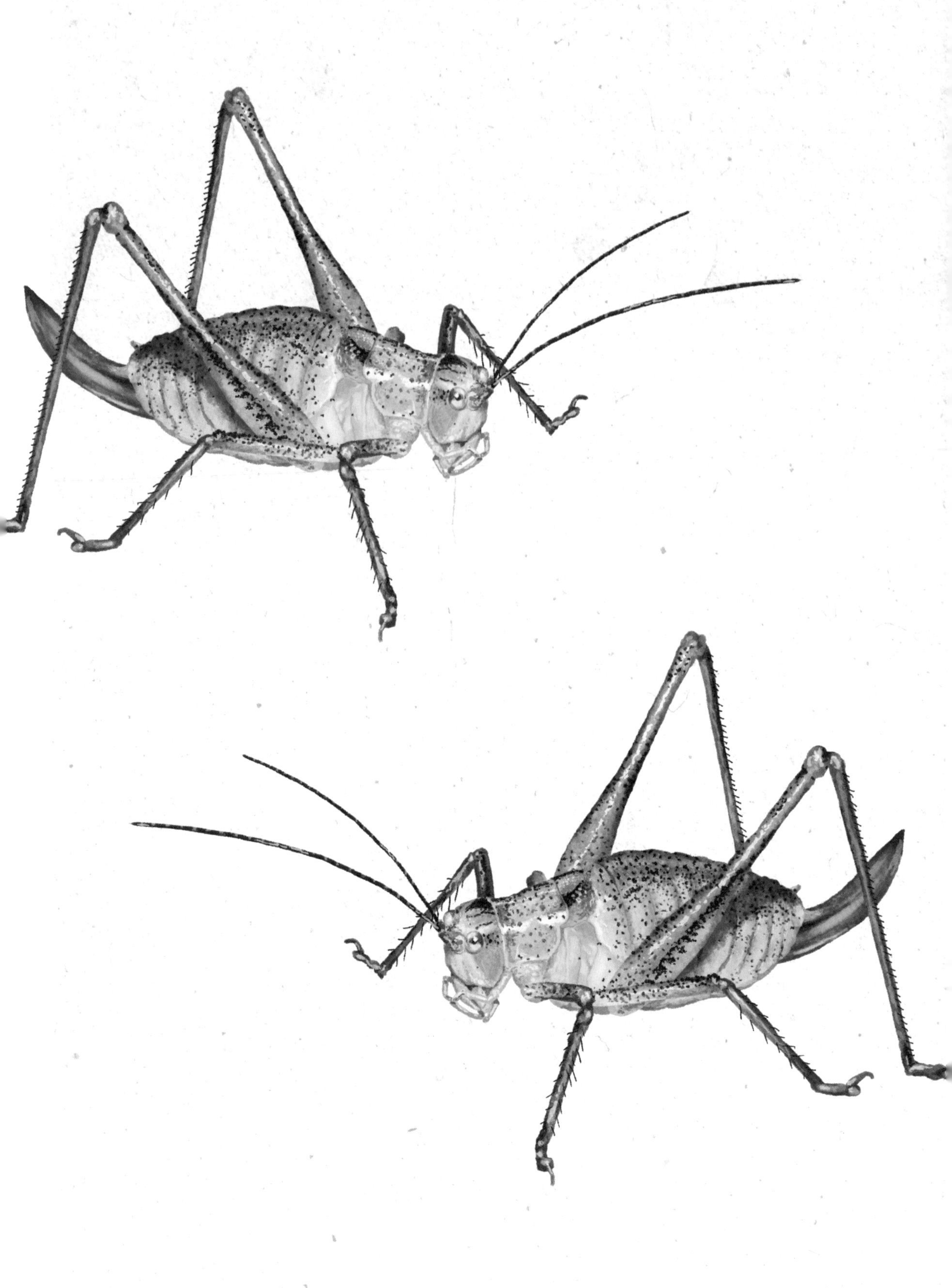

점박이여치의 먹이는 무엇일까?

장미 잎, 라즈베리 잎, 토끼풀, 민들레

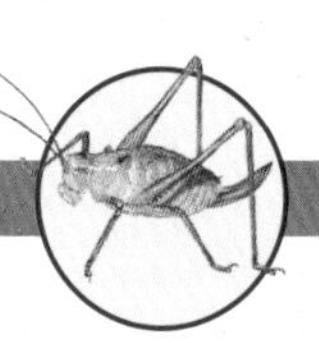

점박이여치의 천적은 무엇일까?

조류, 포유류, 양서류

점박이여치

Leptophyes punctatissima

이 곤충의 이름과 학명은 이들의 몸이 작은 점으로 뒤덮여 있음을 분명히 한다. 점박이라고 불리는 이유이기도 하다. 덕분에 우리 주변의 다양한 여치들 사이에서도 점박이여치를 쉽게 알아볼 수 있다. 메뚜기와 마찬가지로 많은 점박이여치가 사람 손을 덜 타는 자유로운 정원에 침입한다. 그러나 풀숲 사이에서 이 작은 생명체를 구별하기란 쉽지 않다. 색깔 때문에 위장이 쉬울 뿐 아니라, 그들의 울음소리가 거의 들리지 않기 때문이다.

메뚜기와 마찬가지로 많은 점박이여치가 사람 손을
덜 타는 자유로운 정원에 침입한다. 그러나 풀숲 사이에서
이 작은 생명체를 구별하기란 쉽지 않다.

모든 비슷한 종과 마찬가지로 점박이여치는 날개를 비벼 우는 소리를 낼 수 있다. 날개가 비행하기에는 매우 짧지만 말이다. 사랑과 영역은 점박이여치의 울음소리를 들을 수 있는 주요한 자극제다. 때때로 그들 중 일부는 천적에게 잡혔을 때 짧고 강한 '비명'을 내지르기도 한다.

점박이여치는 다른 여치가 육식성(34쪽 참조)인 것과 달리 식물을 갉아 먹고 산다. 이렇듯 점박이여치가 초식성이라 공격적이지 않기 때문에, 수많은 천적들이 여치를 찾아내기만 하면 맛있게 먹어 치운다. 점박이여치 암컷은 여타 다른 곤충 암컷들처럼 배 면적이 꽤 넓기 때문에 겉보기에 '통통'하다. 실제로 배 속에 알을 담고 있으며, 알을 낳고서는 대개 굴을 판다. 암컷의 체격은 이런 일들을 하기에 알맞다. 알을 낳을 때 암컷들은 매우 중요한 도구의 도움을 받는다. 바로 산란관이다. 뾰족한 검처럼 생긴 이 기관은 몸 뒤쪽에 달려 있으며 식물의 껍질 아래 알을 낳을 수 있게 해 준다.

유럽여치

Ephippiger diurnus

다른 곤충들보다 눈에 띄는 곤충들이 있다면, 일반적으로 유럽여치가 여기에 속할 것이다. 이들의 크기와 색깔, 형태는 길에서 마주친 사람들의 궁금증을 자아낸다. 다만 위장을 잘하고 느리게 이동하기 때문에 유럽여치를 알아차리는 일이 쉽지만은 않다. 하지만 만약 눈에 띄면 긴 더듬이부터 줄무늬가 있는 매끈하고 볼록 튀어나온 복부까지, 호기심에 이들을 유심히 살펴보게 된다. 일부 방언, 그중에서도 유럽여치가 많이 서식하고 있는 프랑스 남부의 방언에서는 유럽여치의 옆면을 '오동통'하다고 묘사한다. 예를 들어 고대 프로방스어로 유럽여치를 '부드라그boudrague'라고 하는데, 때때로 배가 나온 사람에게 '부드라그의 배를 가졌다'라고 말하기도 한다. 이러한 모습이 더욱 강조되는 이유는 다른 수많은 종의 여치들과 달리 복부를 뒤덮는 날개가 없기 때문이다.

유럽여치는 때때로 포도나무 같은 식물을 갉아 먹어 인간의 미움을 산다. 하지만 유럽여치는 포도나무가 아니더라도 잡초를 포함해 다른 식물도 좋아하며, 여기저기 흩어져 있는 작은 곤충들까지도 잡아먹는다.

유럽여치는 '말안장여치'라고 불리기도 한다. 유럽여치의 '등' 위에 말안장 모양 같은 것이 있기 때문이다. 진화 과정에서 이 부위는 퇴화를 거듭해 아예 악기가 되어 버린 날개를 보호하는 기관이 됐다. 실제로 모든 여치들처럼 유럽여치는 울음소리로 의사소통을 하고 몸 뒤에 잘 보이는 검 같은 기관, 즉 커다란 산란관으로 알을 낳는다.

유럽여치는 때때로 포도나무 같은 식물을 갉아 먹어 인간의 미움을 산다. 하지만 유럽여치는 포도나무가 아니더라도 잡초를 포함해 다른 식물도 좋아하며, 여기저기 흩어져 있는 작은 곤충들까지도 잡아먹는다.

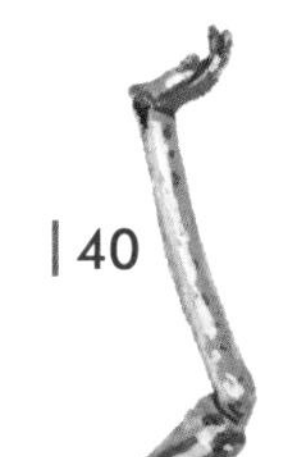

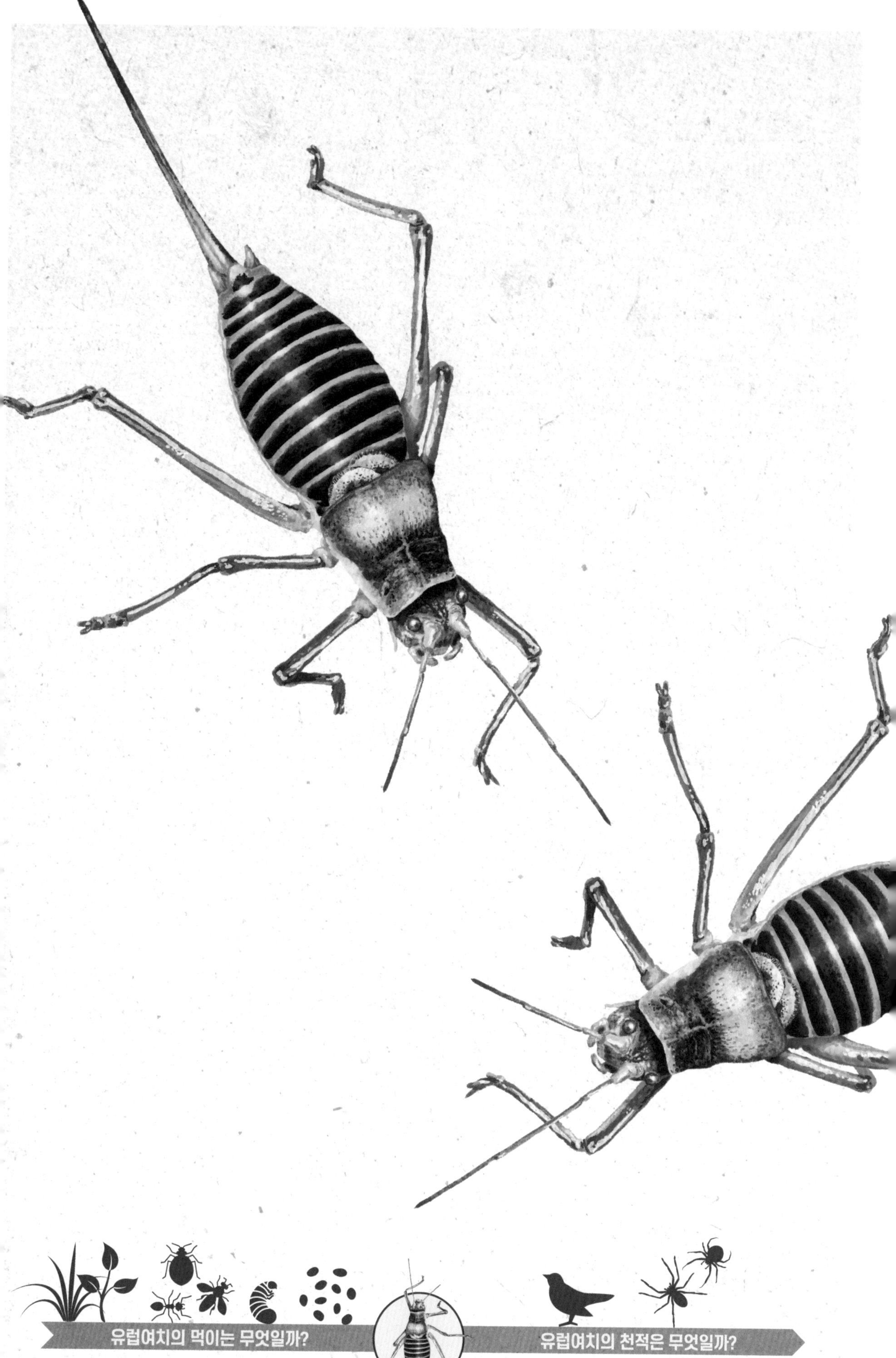

유럽여치의 먹이는 무엇일까?

포도나무잎, 블랙베리, 민들레, 곤충,
작은 유충, 곤충알

유럽여치의 천적은 무엇일까?

새, 거미

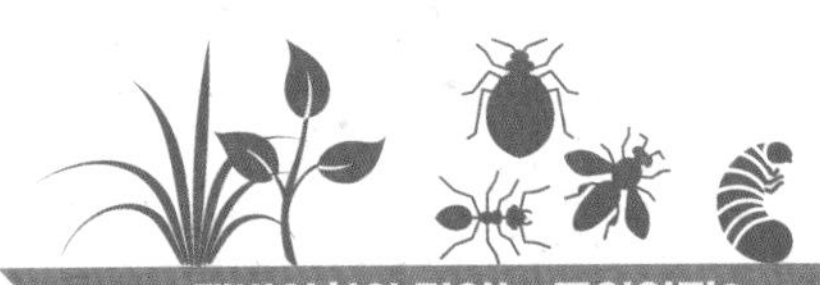

잿빛여치의 먹이는 무엇일까?

쐐기풀, 식물, 곤충, 다른 여치, 애벌레, 감자잎벌레

잿빛여치의 천적은 무엇일까?

새, 사마귀, 뾰족뒤쥐, 양서류

잿빛여치

Pholidoptera griseoptera

색깔로 여치와 메뚜기를 구별하는 것은 좋은 방법이 아니다. 이 잿빛의 여치가 바로 그 예다. 해당 색깔을 가진 종이 수없이 존재하기 때문이다. 마치 초록색 메뚜기도 있고 노란색 메뚜기도 있듯이 말이다. 강력한 뒷다리를 가진 이 거대한 잿빛여치는 일반적으로 잘 가꿔진 정원보다는 손길이 닿지 않은 풀밭을 마음껏 누빈다. 잡식성 또는 육식성인 수많은 여치들과 마찬가지로 강력한 큰턱을 가진 잿빛여치는 햇살이 내리는 밭 울타리나 가시덤불, 또는 수풀에서 주로 애벌레, 진딧물 또는 잡을 수 있는 모든 곤충을 노린다. 민들레 같은 식물을 갉아 먹기도 한다.

햇살이 내리는 밭 울타리나 가시덤불,
또는 수풀에서 주로 애벌레, 진딧물 또는 잡을 수 있는
모든 곤충을 노린다.

왼쪽의 그림은 수컷 잿빛여치이므로 몸 뒤쪽에 검 모양의 산란관이 없지만, 암컷과 마찬가지로 복부 양 끝에 작은 안테나와 같은 미모를 가지고 있다. 다른 곤충에게도 있는 미모는 많은 감각 미세모(강모)를 가지고 있어 온도, 습도, 바람 등의 주변 환경 정보를 감지한다. 잿빛여치 수컷의 찌르륵 소리는 반복적으로 울리면서 점점 커져 잿빛여치가 좋아하는 환경의 정원에 소리를 더한다. 수컷들은 낮에도 계속 암컷에게 구애를 하면서 자신의 영역을 표시한다.

유럽초원귀뚜라미

Gryllus campestris

땅속 구멍에서 나오는 유럽초원뚜라미를 처음 볼 때는 꽤 놀라는 경우가 많다. 땅속 구멍에 비해 엄청난 그 크기뿐만 아니라 유럽초원귀뚜라미의 커다란 머리가 검은 색 투구 또는 공상 과학 영화에 나오는 생명체를 떠올리게 하기 때문이다.

오로지 호기심이 많은 사람이나 무모한 사람만이 위험을 무릅쓰고 유럽초원귀뚜라미를 찾아낸다. 이들을 찾기 위해서는 먼저 울음소리가 어디서 들리는지 파악해야 한다. 이 울음소리는 질긴 날개(앞날개)를 비벼 내는 소리다. 실제로 유럽초원귀뚜라미는 대략 4월부터 땅속 구멍 앞에서 목청을 다해 우는데, 이 울음소리는 대략 50미터 밖까지 울려 퍼진다. 너무 가까이 다가가면 일반적으로 땅속 구멍으로 들어가 사라져 버린다.

잡식성인 유럽초원귀뚜라미의 턱은 아주 질긴 식물뿐 아니라
작은 동물 사체의 거죽도 잘라 낸다. 이런 모든 이유로,
유럽초원귀뚜라미는 정원의 불청객이 아니다.

그럴 때에는 초원의 낮은 풀과 햇살이 내리는 마른 잔디 위에 무릎을 꿇고 앉아 유럽초원귀뚜라미가 다시 나오기를 기다리거나, 아주 조심스럽게 커다란 풀 줄기를 찔러 넣어 초원 귀뚜라미를 꺼낼 수 있다. 보통 이때 처음으로 유럽초원귀뚜라미의 모습을 마주하고 놀라게 된다.

인내심을 가지고 조금만 더 기다려 보면 날개를 하늘로 들어 올린 채 우는 모습을 볼 수도 있다. 암컷이라면 우는 모습 대신 몸 뒤쪽에 있는 길고 가느다란 산란관을 관찰할 수 있다. 암컷 유럽초원귀뚜라미는 산란관으로 땅속 안전한 곳에 약 30개의 알을 낳는다.

그 밖의 시간에 유럽초원귀뚜라미는 주로 풀과 같은 음식을 찾으러 주변을 어슬렁거린다. 잡식성인 유럽초원귀뚜라미의 턱은 아주 질긴 식물뿐 아니라 작은 동물 사체의 거죽도 잘라 낸다. 이런 모든 이유로, 유럽초원귀뚜라미는 정원의 불청객이 아니다. 반대로 그들의 울음소리는 생명과 화창한 날씨의 동의어다.

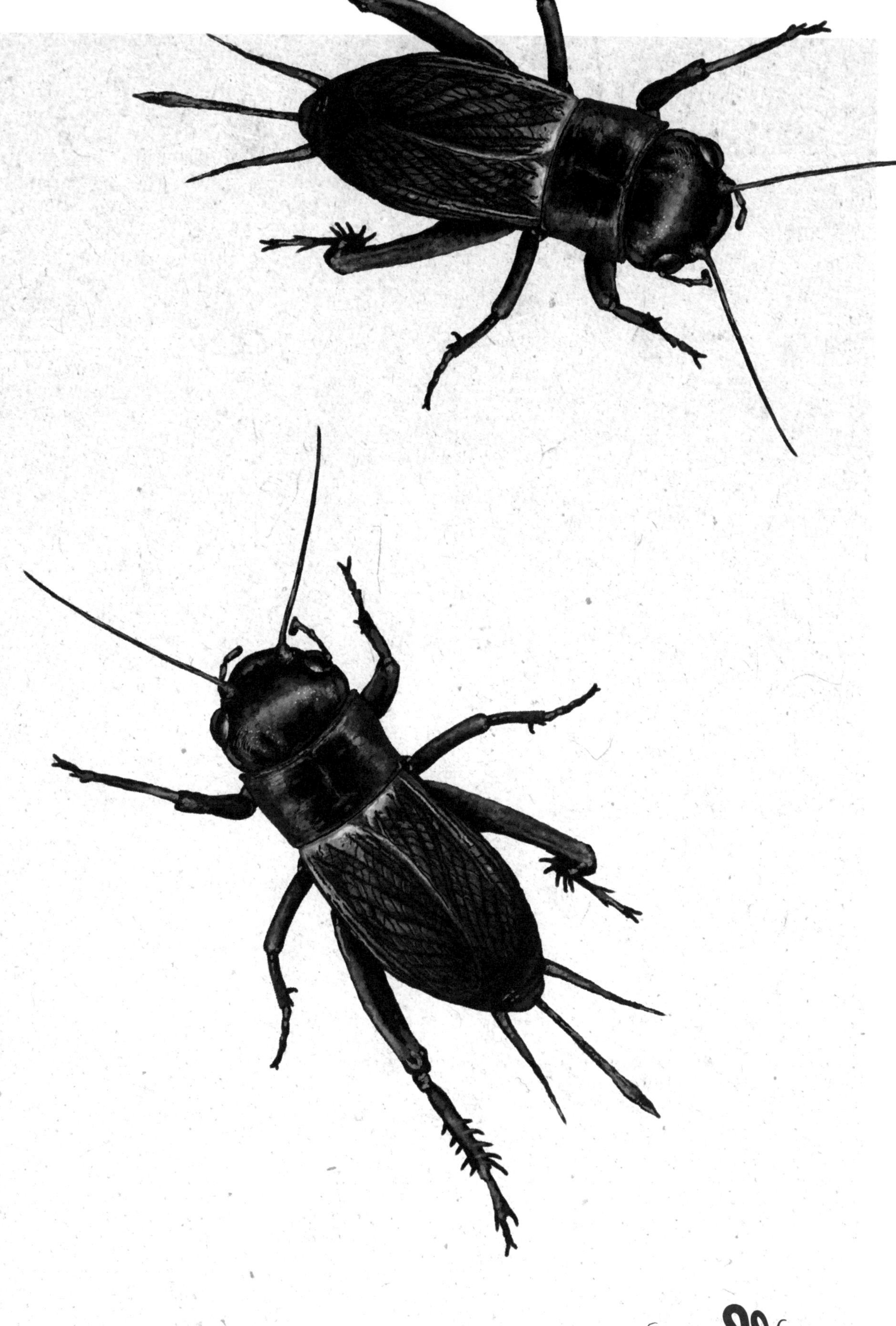

유럽초원귀뚜라미의 먹이는 무엇일까?

뿌리, 식물, 절지동물, 씨앗

유럽초원귀뚜라미의 천적은 무엇일까?

곤충, 거미, 새, 양서류, 뱀

유럽땅강아지의 먹이는 무엇일까?

뿌리, 덩이줄기, 유충, 지렁이, 풀

유럽땅강아지의 천적은 무엇일까?

새, 쥐, 두더지, 뾰족뒤쥐

유럽땅강아지

Gryllotalpa gryllotalpa

유럽땅강아지의 또 다른 이름은 '두더지귀뚜라미'다. 실제로 땅을 파는 용도의 커다란 두 발을 보면 유럽땅강아지가 얼마나 두더지를 닮았는지 알 수 있다. 유럽땅강아지의 커다란 발은 두더지처럼 땅속 은신처를 찾거나 먹이를 찾을 때 지하 통로를 팔 수 있게 해 준다. 전문가들은 두 생명체 사이에 가까운 접점이 없는데 둘이 닮았을 때 '수렴 진화'라고 말한다. 진화를 하면서 두 생명체의 삶의 방식이 비슷해 땅강아지(곤충)와 두더지(포유류)에게 비슷한 신체 기관이 발생한 것이다.

오늘날 우리가 유럽땅강아지를 정원에서 쫓아낸 탓에
이들을 만나기란 어려운 일이 되었다.
실제로 유럽땅강아지는 정원에 자주 나타나 모든
식물을 갉아 먹는다는 오명을 뒤집어쓰곤 했다.

정원의 땅을 파 엎지 않는 한 숨어 있는 유럽땅강아지를 보기란 쉽지 않다. 그 대신 봄에는 유럽땅강아지의 울음소리를 들을 수 있는데, 날카롭게 윙윙거리는 소리라 쉽게 알아차릴 수 있다. 오늘날 우리가 유럽땅강아지를 정원에서 쫓아낸 탓에 이들을 만나기란 어려운 일이 되었다. 땅강아지Courtilière라는 이름은 추억을 불러온다. 오래된 프랑스어에서 'courtil'이라는 단어가 정원을 가리키기 때문이다. 실제로 유럽땅강아지는 정원에 자주 나타나 모든 식물을 갉아 먹는다는 오명을 뒤집어쓰곤 했다. 하지만 유럽땅강아지는 자신이 파 놓은 땅굴에서 풍뎅이의 애벌레 같은 작은 곤충을 잡아먹는다. 물론 유럽땅강아지의 땅굴이 때때로 당근 근처를 지나기도 해서 유럽땅강아지가 당근을 맛보기도 하고 땅을 파는 과정에서 상처를 내기도 한다. 그러나 전반적으로 유럽땅강아지는 '피해를 입히는 곤충'이라기보다는 정원의 보조자 역할을 잘 수행한다. 여러 면에서 놀라운 곤충인 이들을 맞이하고 관찰할 기회를 가져 보면 어떨까.

북방아시아실잠자리의 먹이는 무엇일까?

파리목, 작은 무척추동물, 작은 파리,
다양한 날벌레

북방아시아실잠자리의 천적은 무엇일까?

물고기, 양서류(영원, 도롱뇽 유생),
수중 무척추동물, 새, 뾰족뒤쥐, 포유류,
거미, 다른 잠자리

북방아시아실잠자리

Ischnura elegans(수컷)

실제로 가까이서 보면 이 실잠자리는 학명에서도 알 수 있듯 우아한*elegans* 모습을 하고 있다. 또한 '숙녀'라 불리는 모든 실잠자리들은 일반적으로 세련되고, 알록달록하며, 얇고, 잘 날아다닌다. 이러한 잠자리들은 '진짜' 잠자리들과 달리 얇고 원통형인 복부를 가졌으며 큰 잠자리(50쪽 참조)들과 다르게 양 날개를 위로 붙일 수 있다.

우리 주변과 정원에는 대체로 작은 못, 또는 조용한 연못이 있다. 북방아시아실잠자리는 바로 이런 곳에, 식물이 무성해 수중 생활을 하는 유충이 먹을 작은 먹이가 풍부한 물에 알을 낳는다. 북방아시아실잠자리는 수질에 그렇게 깐깐한 편이 아니어서 우리는 이들과 흔히 마주칠 수 있다. 도시에 위치한 정원에서도 말이다.

성체든 물속에 사는 유충이든 북방아시아실잠자리는 포식자다.
게다가 태어난 못에서 꽤나 멀리 떨어진 곳까지
사냥을 다닐 수 있다.

북방아시아실잠자리는 때때로 풀 사이와 대기를 누비며 공중제비를 돌면서 먹이를 찾는다. 성체든 물속에 사는 유충이든 북방아시아실잠자리는 포식자다. 게다가 태어난 못에서 꽤나 멀리 떨어진 곳까지 사냥을 다닌다.

북방아시아실잠자리의 생에서 특히 주목할 만한 또 다른 순간은 바로 짝짓기다. 짝짓기를 할 때 북방아시아실잠자리 수컷과 암컷의 늘씬하고 유연한 몸체가 완벽한 하트 모양을 이루는데, 전문가들조차 이를 '하트 결합'이라고 부른다. 수컷의 생식기와 교미 기관의 위치가 떨어져 있기에 가능한 일이다.

교미한 다음 암컷과 수컷은 부분적으로 떨어지지만, 물 위에 알을 낳을 때까지 서로 붙어 다닌다. 이 작은 잠자리 커플은 봄과 여름 한철 동안 정원의 분위기를 화기애애하게 조성한다.

푸른별박이왕잠자리

Aeshna cyanea

알을 낳기 위해서 또는 사냥을 하기 위해서 정원을 오가는 커다란 잠자리들 중 푸른별박이왕잠자리는 유독 우리의 시선을 끈다. 푸른별박이왕잠자리의 몸통은 유럽대모잠자리(52쪽 참조)보다 덜 두껍고 덜 납작하지만, 그럼에도 불구하고 깊은 인상을 준다. 푸른별박이왕잠자리는 크기와 일정한 비행 등 존재감이 상당하지만 '유익충'으로 분류되기 때문에 거슬리지는 않는다. 그러나 푸른별박이왕잠자리가 유익충이라는 것은 인간의 입장으로, 주변의 다른 곤충들에게는 무시무시한 포식자다. 커다란 겹눈에 포착된 먹이는 대개 푸른별박이왕잠자리의 턱으로부터 벗어나지 못한다.

주변의 다른 곤충들에게는 무시무시한 포식자다.
커다란 겹눈에 포착된 먹이는 대개 푸른별박이왕잠자리의
턱으로부터 벗어나지 못한다.

이러한 성공률은 대부분 머리를 장식하고 있는 커다란 두 '눈'을 각각 이루는 1만 개 이상의 눈들 덕분이다. 다른 모든 곤충과 마찬가지로 잠자리는 겹눈, 다시 말해 다수의 홑눈으로 구성된 눈을 가지고 있다. 거대한 겹눈은 머리에서 상당 부분을 차지하며 강력한 턱은 비행 중에 낚아챈 곤충들을 두 동강 낸다.

푸른 반점(수컷)이 있든 초록 반점(암컷)이 있든 일단 내려앉으면 푸른별박이왕잠자리는 우리의 눈에도, 먹이와 천적의 눈에도 거의 보이지 않는다. 푸른별박이왕잠자리의 색과 무늬가 아주 효과적인 위장 기능을 하기 때문이다. 그러므로 푸른별박이왕잠자리는 비행을 할 때나 우리에게 다가왔을 때, 또는 물 가까이를 비행할 때에야 우리 눈에 띈다.

푸른별박이왕잠자리 유충은 물속에서 수개월을 생활하다가 식물의 줄기, 돌, 또는 냇가에 있는 또 다른 지지대를 타고 뭍으로 기어 올라와 어두운 회색 유충에서 알록달록한 성충이 된다. 애벌레가 나비로 변하는 것과 같은 완전 변태는 아니지만 푸른별박이왕잠자리 또한 유충과 성충의 차이가 뚜렷한 편이다.

푸른별박이왕잠자리의 먹이는 무엇일까?

작은 파리, 애벌레, 올챙이, 작은 물고기,
다양한 날벌레

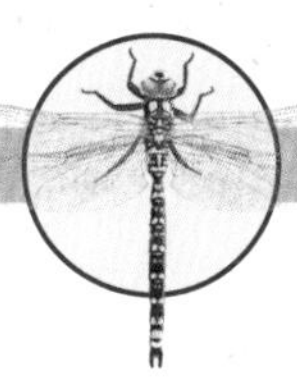

푸른별박이왕잠자리의 천적은 무엇일까?

물고기, 양서류(영원, 도롱뇽 유생), 새

유럽대모잠자리

Libellula depressa

유럽대모잠자리는 종횡무진하며 활기 넘치는 비행을 한다. 과학자들이 '의기소침(유럽대모잠자리의 프랑스어명인 Libellules déprimées의 déprimé는 '우울한', '의기소침한' 또는 '평평한', '오목한'이라는 뜻으로 쓰인다. ―옮긴이)'하다고 표현한 것을 믿을 수 없을 정도다. 그러나 이는 푸른색인 수컷, 갈색과 노란색인 암컷의 복부 모양이 평평한 형태를 띠는 것을 가리키는 기술적인 용어다. 암컷과 수컷 둘 다 색깔 덕에 쉽게 눈에 띄는데, 특히 항상 사냥터에 난입하는 침입자를 경계하는 이들이 우리를 향해 날아올 때 알아보기 쉽다. 유럽대모잠자리가 어딘가에 내려앉으면 수천 겹의 눈이 쉴 새 없이 주변을 360도로 감시한다. 그러다가 아주 작은 먹잇감이라도 나타나면 한 번의 날갯짓으로 날아오른다.

이런 장소에도 모기 유충이나 '깔따구' 같은
유럽대모잠자리의 먹이가 항상 존재하기 때문이다.
성충 또한 다른 곤충들을 잡아먹기에 유럽대모잠자리는
항상 정원에서 환영받는 곤충이다.

이 공중 곡예사들은 네 장의 날개를 각기 따로 움직여 비행한다. 이는 그 어떤 곤충과도 다른 방식으로, 현재 엔지니어들은 더 날쌘 드론을 구상하기 위해 유럽대모잠자리의 비행을 모방하려고 노력 중이다.

유럽대모잠자리와는 그리 어렵지 않게 마주칠 수 있다. 유럽대모잠자리는 환경을 까다롭게 고르지 않는 데다 도심 공원의 작은 연못처럼 물이 조금만 있어도 만족한다. 유럽대모잠자리가 연못에 알을 낳으면 부화한 잠자리 유충은 물속에서 활동하며 육식 생활을 한다. 잠자리 유충은 몇 달 동안 점점 커다란 먹이를 사냥하며 조금씩 성장해 나간다. 유럽대모잠자리는 수중 식물이 적고 겉보기에 '자연적'이지 않은, 새로 조성된 연못에 정착하는 초기 잠자리들 중 하나다. 이런 장소에도 모기 유충이나 '깔따구' 같은 유럽대모잠자리의 먹이가 항상 존재하기 때문이다. 성충 또한 다른 곤충들을 잡아먹기에 유럽대모잠자리는 항상 정원에서 환영받는 곤충이다.

유럽대모잠자리의 먹이는 무엇일까?

다양한 유충, 작은 물고기, 올챙이, 작은 파리, 파리(잠자리 성충), 다양한 날벌레

유럽대모잠자리의 천적은 무엇일까?

새, 물고기(유충의 천적), 양서류

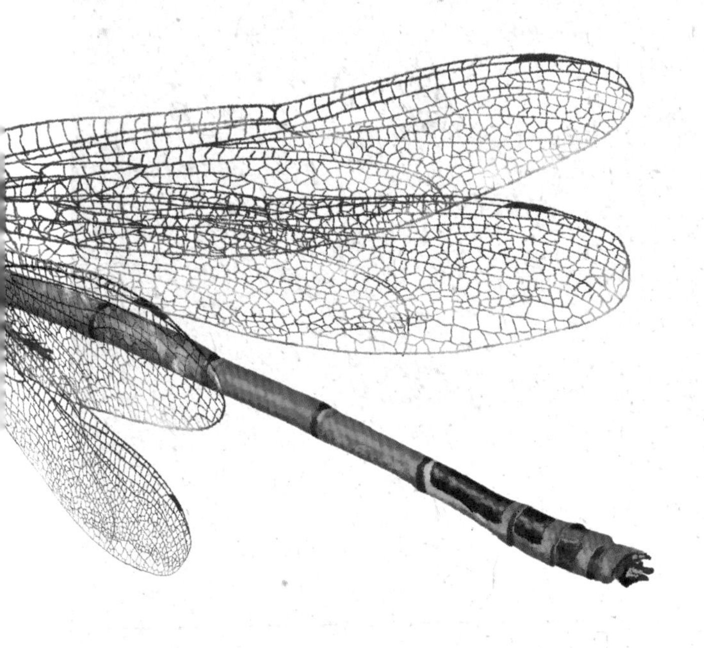

왕붉은실잠자리의 먹이는 무엇일까?

무척추동물, 파리목, 다양한 날벌레

왕붉은실잠자리의 천적은 무엇일까?

수서 무척추동물(물방개), 물고기, 양서류(영원, 도롱뇽 유생), 새

왕붉은실잠자리

Pyrrhosoma nymphula

수컷이지만 '숙녀demoiselle'인 곤충을 한 마리 더 만나 보자. 프랑스어 'demoiselle'은 숙녀라는 뜻이지만, 여기에서는 얇고 원통형의 몸통을 가진 실잠자리를 가리킨다. 나머지는 그냥 '잠자리'라고 불린다. 그렇다. 다양한 잠자리들이 존재한다. 프랑스에는 색깔도 형태도 다양하고 생활 환경도 다른 약 1백여 종의 잠자리가 서식한다. 연못은 일부 잠자리 성충에게도 중요하지만 수중 생활을 하는 모든 잠자리 유충에게는 필수적인 조건이다. 하지만 모든 잠자리 종이 같은 장소에 알을 낳지는 않는다.

왕붉은실잠자리는 수중 식물이 자라는 자연적인 연못을
선호해 그곳에서 보금자리와 먹이를 찾으며,
다른 곤충 또는 갑각류와 마찬가지로
때때로 2년 동안 물에서 생활한다.

왕붉은실잠자리라는 이름은 색깔에서 유래했다. 특히 수컷의 색깔이 붉으며, 암컷은 보다 주황빛을 띠기도 한다. 성별에 따른 색깔 차이는 종종 있지만 왕붉은실잠자리의 경우 곤충 애호가와 전문가들만이 그 차이를 알아차린다. 왕붉은실잠자리의 연약한 겉모습 때문에 우리는 종종 이들이 베테랑 사냥꾼이라는 사실을 잊는다. 왕붉은실잠자리의 비행 기술과 먹이를 찾아내는 능력, 강력한 턱은 가까이 지나가는 먹잇감을 거의 놓치지 않는다.

환경에 덜 까다로운 다른 잠자리들과 달리 왕붉은실잠자리는 수중 식물이 자라는 자연적인 연못을 선호해 그곳에서 보금자리와 먹이를 찾으며, 다른 곤충 또는 갑각류와 마찬가지로 때때로 2년 동안 물에서 생활한다. 그런 다음 그곳에서 나와 날개가 있는 성충으로 변태한다. 짝짓기와 '하트 결합(49쪽 참조)' 이후 수면 근처에서 알을 낳기 위해 암컷과 수컷이 추는 춤을 관찰할 수 있다. 수컷은 암컷이 복부 일부를 물속에 집어넣은 채 빠르게 하나하나 알을 낳을 동안 암컷을 잡고 있는다.

대륙좀잠자리

Sympetrum striolatum

중간 크기의 빨간색 몸통을 가진 대륙좀잠자리는 깊지 않고, 고여 있으며, 다소 염분이 있는 연못을 날아다니는 평범한 잠자리들 중 하나다. 하지만 이 붉은색은 수컷에만 해당된다. 암컷의 경우 더 갈색을 띠는 등 좀 더 어두운 색깔이며, 물에서 갓 나온 성충이나 미성숙한 개체의 경우 성별에 상관없이 노란빛을 띤다.

모든 잠자리가 물속에 알을 낳으며, 유충은 수중 생활에 완전히 적응한다. 물고기와 비슷한 방식으로 물에 녹아 있는 산소를 통해 호흡하고 물속에서 사냥하는데, 진흙에 매복하거나 때로는 먹이를 쫓아 사냥한다. 대륙좀잠자리는 몇 달 동안 물속에서 탈피하고 자란 다음 수중 식물의 줄기를 따라 물 밖으로, 강가로 나온다. 이후 유충은 결국 움직이지 않게 되어 유충의 마지막 껍질에서 알록달록하고 날개 달린 성충이 나온다.

물웅덩이가 너무 방치되어 식물이 풍부하지 않더라도 상관없다.
물속에서든 공중에서든 대륙좀잠자리가 정원의 '불청객'인
먹이를 사냥해 줄 것이라고 믿어도 되는 이유다.

대륙좀잠자리는 회유성 곤충으로, 매년 유럽의 한 국가에서 다른 국가로 이동한다. 다시 돌아오는 것은 그들의 후손들이다. 성충의 삶은 결코 길지 않아 대체로 몇 주면 수명이 다하기 때문이다. 다양한 종류의 좀잠자리들이 존재하나 전문가들만이 이들을 구분한다. 대륙좀잠자리의 특징은 알을 낳는 물웅덩이의 상태에 그다지 까다롭지 않다는 것이다. 물웅덩이가 너무 방치되어 식물이 풍부하지 않더라도 상관없다. 물속에서든 공중에서든 대륙좀잠자리가 정원의 '불청객'인 먹이를 사냥해 줄 것이라고 믿어도 되는 이유다.

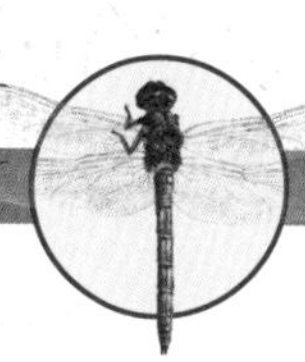

대륙좀잠자리의 먹이는 무엇일까?

무척추동물, 파리목, 다양한 날벌레

대륙좀잠자리의 천적은 무엇일까?

수중 무척추동물(물방개), 물고기,
양서류(영원, 도롱뇽 유생), 새

콜로라도감자잎벌레

Leptinotarsa decemlineata

상당수의 아마추어 또는 전문 정원사들은 감자와 가장 관계가 깊지만 토마토와 가지 등 가짓과의 다른 채소에서도 자주 관찰되는 이 곤충과 친숙하다. 특별한 만큼 알아보기 쉬운 콜로라도감자잎벌레는 약 1백여 개의 대표종이 있는 잎벌렛과*Chrysomelidae*에 속한다. 콜로라도감자잎벌레의 수많은 사촌 격 곤충들은 하나로 된, 반짝이는 껍질을 가졌다(chryso는 '금'을 뜻하는 그리스어 khrysos에서 유래했다). 성충이 되면 콜로라도감자잎벌레는 줄무늬가 생기고 '껍질이 단단'해지지만, 유충일 때는 주황빛이 도는 붉은색을 띠며 날개가 없고 겉보기에 말랑하고 통통하다.

콜로라도감자잎벌레의 천적은 매우 많다.
투구풍뎅이, 딱정벌레, 기생파리 또는 무당벌레가
감자잎벌레의 알 또는 유충을 공격한다.
곤충을 주식으로 하는 새들 또한 감자잎벌레의
어린 개체를 즐겨 먹는다.

나비나 파리가 그러하듯 콜로라도감자잎벌레의 유충 또한 성충과 매우 다르며, 애벌레가 나비가 되듯 어느 날 갑자기 성충으로 변태한다. 나뭇잎이나 공중에 떠 있는 식물 줄기에 6개의 발로 붙어 있는 민달팽이와 닮은 유충일 때 가장 식욕이 왕성하다.

콜로라도감자잎벌레의 천적은 매우 많다. 투구풍뎅이, 딱정벌레, 기생파리 또는 무당벌레가 감자잎벌레의 알 또는 유충을 공격한다. 곤충을 주식으로 하는 새들 또한 감자잎벌레의 어린 개체를 즐겨 먹는다.

이 모든 천적을 불러들이기 위해서는 정원이 생기 넘쳐야 한다. 만약 감자잎벌레가 너무 많으면 이들을 먹는 것 또한 방법이다. 괴상망측하게 들릴 수도 있겠지만 성가신 벌레를 음식으로 먹는다는 생각은 병충해 방지 제품 소비 감소와 윤리적인 식생활로 나아가는 한 걸음이다.

콜로라도감자잎벌레의 먹이는 무엇일까?

감자, 토마토, 가지, 벨라도나, 검은사리풀

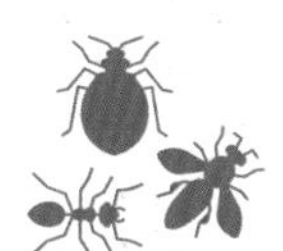

콜로라도감자잎벌레의 천적은 무엇일까?

풀잠자리, 노린재목, 파리목,
딱정벌레, 벌목(땅벌류, 개미)

로즈마리잎벌레의 먹이는 무엇일까?

라벤더, 로즈마리, 타임, 레몬그라스

로즈마리잎벌레의 천적은 무엇일까?

땅벌류, 박새

로즈마리잎벌레

Chrysolina americana

콜로라도감자잎벌레(58쪽 참조)의 사촌 격인 잎벌렛과의 로즈마리잎벌레는 눈에 잘 띄지 않지만 항상 우리 주위에, 어디에나 있다. 다양한 기후에 잘 적응하기도 하고 온갖 곳에 자라는 라벤더나 로즈마리류 식물을 주식으로 하기 때문이다. 라벤더나 로즈마리는 로즈마리잎벌레의 기주 식물로 1년 내내 로즈마리잎벌레에게 먹이를 공급한다.

알에서 나온 로즈마리잎벌레 유충은 감자잎벌레 유충과 닮았다. 마치 발이 달린 민달팽이 같지만 훨씬 크기가 작고 아이보리색에 검은 줄무늬를 띤다.

원래도 눈에 띄지 않지만 이들은 사람의 눈을 피해 안전하게 나뭇잎을 갉아 먹는다. 성충으로 변태하고 나면 보다 눈에 띄는데, 특히 사람의 시야와 비슷한 높이에 위치한 라벤더 줄기 위쪽에 매달린 나뭇잎을 먹을 때 발견되곤 한다.

로즈마리잎벌레는 일반적으로 생기 넘치며 땅벌류,
기생파리, 노린재, 새 등 수많은 천적이 도사리고
있는 정원에서 무해한 존재다.

일단 눈에 띄고 나면 보통 무관심하게 지나치지 못한다. 로즈마리잎벌레의 색깔이나 줄무늬가 가까이 다가온 모두의 주목을 끌기 때문이다. 파란색, 초록색, 자주색의 다양한 광택이 나고 몸 전체의 선을 따라 작은 송곳으로 점을 뚫어 놓은 듯한 무늬가 새겨진 이들은 마치 살아 있는 작은 보석 같다. 일부 로즈마리 또는 라벤더 재배인들은 로즈마리잎벌레를 보고 질겁하기도 하지만 로즈마리잎벌레는 일반적으로 생기 넘치며 땅벌류, 기생파리, 노린재, 새 등 수많은 천적이 도사리고 있는 정원에서 무해한 존재다.

남부 유럽과 북아프리카에서 유래한 로즈마리잎벌레는 북쪽에서 출몰하는 빈도가 점점 늘어나고 있다. 관상 및 아로마 식물을 북쪽에서 경작하면서, 또는 지구 온난화 때문에 로즈마리잎벌레도 북쪽으로 이동한 것으로 보인다. 정원의 작은 보석이라고 할 수 있는 로즈마리잎벌레의 놀라운 색깔에 감탄할 새로운 기회인 셈이다.

녹색장미풍뎅이

Cetonia aurata

타원형에 커다란 몸, 초록색에 구릿빛 광택을 지닌 녹색장미풍뎅이의 생김새는 꽤나 독특하지만, 이들은 풍뎅잇과에 속하는 가장 보편적인 종이다. 놀랍게도 녹색장미풍뎅이는 프랑스 전 지역에 분포해 우리 주변에서 흔히 발견된다. 다만 관찰력이 있어야 한다. 이들이 그 색깔을 알아보지 못할 정도로 너무 빨리 날아다니기 때문이다. 녹색장미풍뎅이는 보통 날개를 접고 꽃의 깊은 곳 안쪽에 몸을 숨긴다. 어린 유충일 때는 땅에서 생활하며 죽은 식물 더미에서 절대 밖으로 나오지 않는다. 따라서 비료토나 부식토를 뒤섞거나, '하얀색 애벌레'를 찾아내거나, 꽃의 중심부를 뒤적이지 않는 이상 소리 소문 없이 우리 곁을 지나쳐 갈 것이다.

정원을 가꾸는 사람에게 녹색장미풍뎅이는 보조 정원사나 다름없다.
특히 6개의 발을 가진 애벌레 형태의 유충은 퇴비를 갉아 먹고,
소화시키고, 뒤엎으며 퇴비의 숙성을 촉진한다.

정원의 곤충들에게 특별한 관심을 기울이면 멋진 만남과 조우하는 행운을 누릴 수 있다. 정원을 가꾸는 사람에게 녹색장미풍뎅이는 보조 정원사나 다름없다. 특히 6개의 발을 가진 애벌레 형태의 유충은 퇴비를 갉아 먹고, 소화시키고, 뒤엎으며 퇴비의 숙성을 촉진한다. 녹색장미풍뎅이 유충의 크기는 인상적이다. 특히 성충으로 완전 변태하기 바로 직전에는 더더욱 그렇다. 녹색장미풍뎅이는 성충이 된 후부터 비행하며 꽃의 꿀을 모으러 다닐 수 있다. 녹색장미풍뎅이는 약간의 꽃가루와 꿀을 먹을 때는 꽃가루를 사방으로 흩트리기도 한다. 따라서 꽃을 방문하는 거의 모든 곤충과 마찬가지로 자연스럽게 수분이 되게 한다. 비행에 관해 말하자면, 녹색장미풍뎅이는 사촌 격인 무당벌레와는 반대로 막질의 날개를 펼칠 때 앞날개를 들어 올리지 않고 홈이 있는 몸통 옆쪽으로 날개를 빼내 단숨에 날아오른다. 우연히 녹색장미풍뎅이의 비행을 목격한 사람들은 그 경이로운 모습에 놀라움을 금치 못한다.

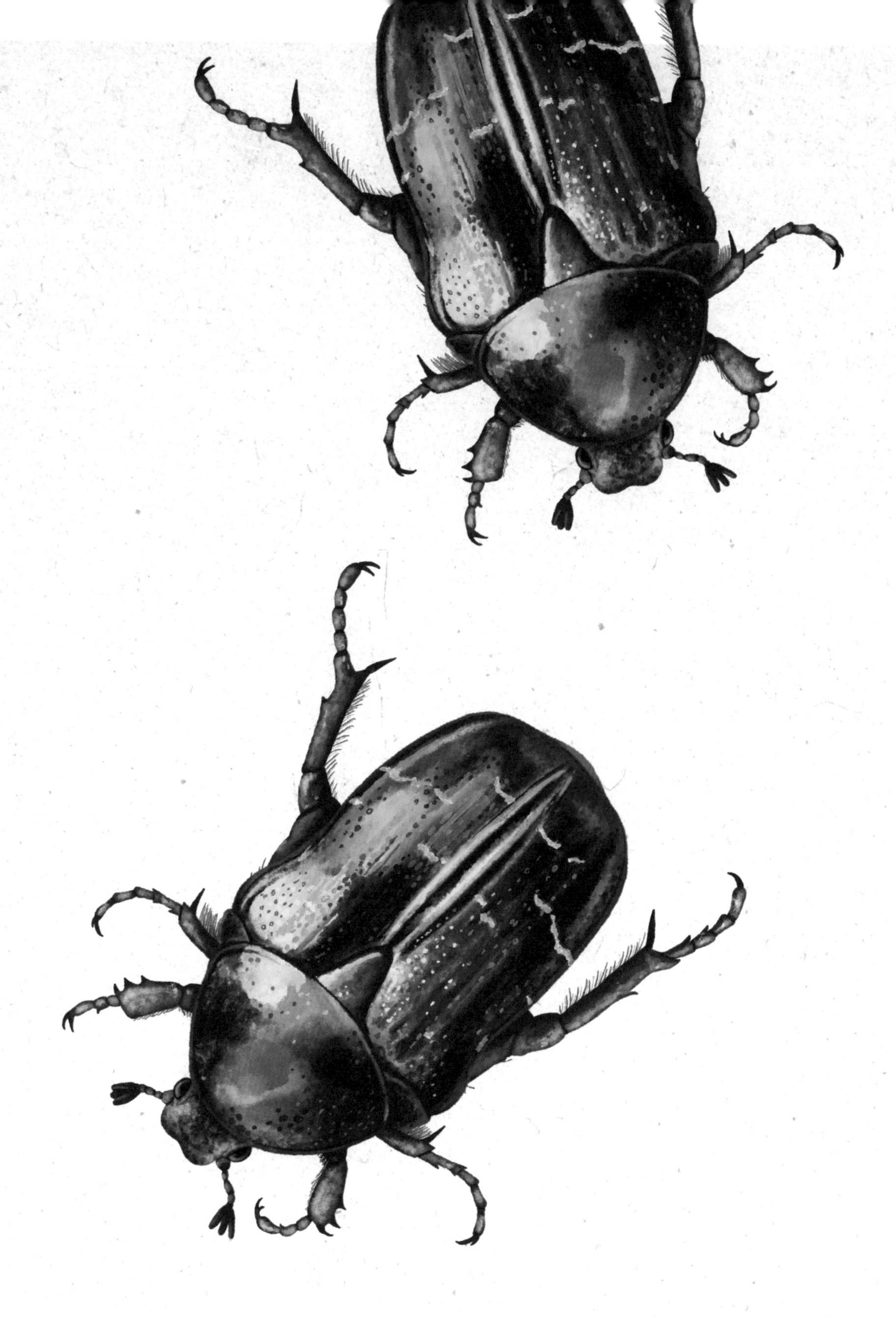

녹색장미풍뎅이의 먹이는 무엇일까?

꽃가루, 꽃(장미, 과실수, 딱총나무, 산사나무, 터리풀), 열매(딱총나무, 장미, 쥐똥나무, 조팝나무)

녹색장미풍뎅이의 천적은 무엇일까?

청딱따구리, 대륙검은지빠귀, 작은 까마귀, 뾰족뒤쥐, 두더지, 다양한 포식성 곤충들

유럽호랑꽃무지

Trichius zonatus

유럽호랑꽃무지가 녹색장미풍뎅이의 가까운 사촌 격이라고는 상상하기 어려울 것이다. 하지만 유럽호랑꽃무지 역시 풍뎅잇과에 속한다. 더 작고 노란색에 검은색 줄무늬가 있으며, 동그랗고 털이 보송보송하지만 말이다. 유럽호랑꽃무지는 처음 봤을 때 꿀벌과, 그중에서도 뒤영벌을 연상시킨다. 영어권에서는 유럽호랑꽃무지를 'Bee-beetle', 즉 '꿀벌딱정벌레'라고 부른다. 꽃에서 꽃으로 옮겨 다니는 유럽호랑꽃무지의 기운찬 비행 또한 벌들과 비슷하다. 다른 풍뎅이처럼 유럽호랑꽃무지도 꿀과 꽃가루를 얻기 위해 꽃을 찾는다. 유럽호랑꽃무지가 꽃가루를 갉아 먹을 때 수많은 털에 꽃가루가 붙어 다른 꽃으로 꽃가루를 옮기기 때문에 자연스럽게 수분이 이뤄진다.

> 유럽호랑꽃무지 성충은 그들의 활기찬 존재감으로 정원에 생기를 불어넣고 수분 활동에 기여하며, 유충의 경우 뾰족뒤쥐나 오소리와 같은 일부 포식자에게 좋은 에너지원이다.

유럽호랑꽃무지는 땅벌류나 말벌류를 연상시키는 노랗고 검은 줄무늬 덕분에 천적들로부터 보호를 받는다. 유럽과 전 세계에서 관찰되는 여러 종류의 호랑꽃무지는 서로 매우 닮았는데, 모두 이 줄무늬를 지니고 있다.

유럽호랑꽃무지 유충은 다리가 6개고 작은 머리가 눈에 띄는 커다란 '하얀색 애벌레'다. 유럽호랑꽃무지 유충은 빛을 피해서 성충으로 변태하기까지 때로는 2년여 동안 부패한 나무에 서식하는데, 그곳을 파헤치지 않는 한 유럽호랑꽃무지 유충을 만나기란 거의 불가능하다.

유럽호랑꽃무지 성충은 그들의 활기찬 존재감으로 정원에 생기를 불어넣고 수분 활동에 기여하며, 유충의 경우 뾰족뒤쥐나 오소리와 같은 일부 포식자에게 좋은 에너지원이다.

유럽호랑꽃무지의 먹이는 무엇일까?

꽃가루(데이지, 블랙베리, 들장미나무)

유럽호랑꽃무지의 천적은 무엇일까?

딱따구리, 대륙검은지빠귀, 작은 까마귀, 뾰족뒤쥐, 두더지, 다양한 포식성 곤충들

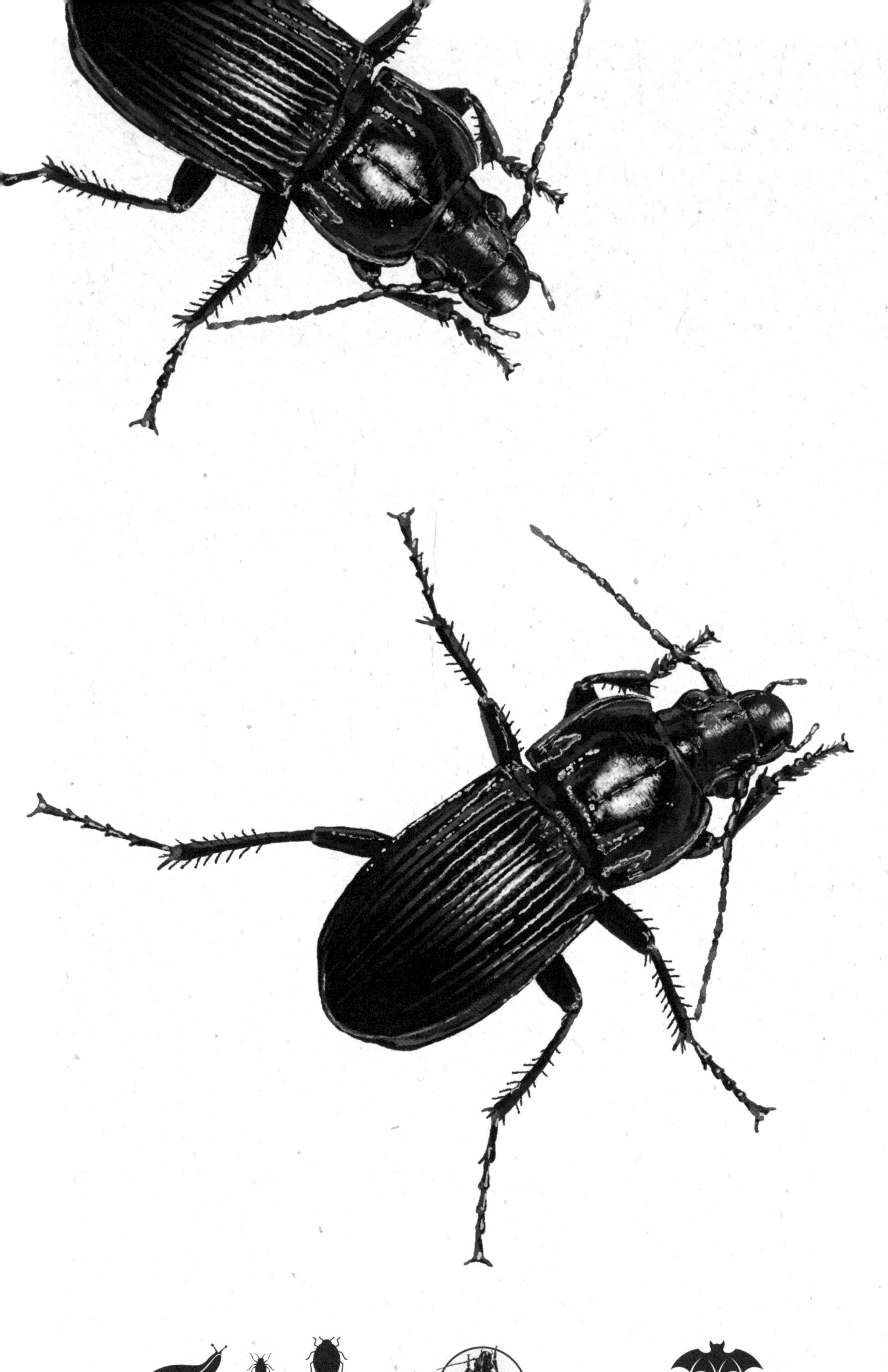

유럽검은길쭉먼지벌레의 먹이는 무엇일까?

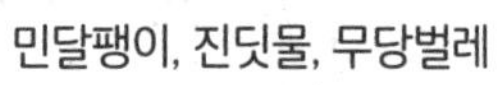

민달팽이, 진딧물, 무당벌레

유럽검은길쭉먼지벌레의 천적은 무엇일까?

큰생쥐귀박쥐(*Myotis myotis*)

유럽검은길쭉먼지벌레

Pterostichus niger

유럽검은길쭉먼지벌레처럼 매우 '딱딱한 껍질로 무장하고', 겉으로는 날개가 보이지 않고, 검은색을 띠며, 땅을 달리는 곤충들은 그 수가 상당히 많고 종류도 다양하다. 종은 제각각 다르지만 겉모습만큼은 상당히 닮아서, 오직 곤충 전문가나 곤충학자만이 제대로 길쭉먼지벌레속을 구분한다. 유럽검은길쭉먼지벌레는 일반적으로 딱정벌레라고 불리는 딱정벌레목에 속한다. 딱정벌레carabe는 라틴어 carabus에서 유래한 말로 딱정벌레나 바닷가재를 가리킨다. 곤충과 갑각류는 다르지만, 이들은 딱딱한 껍질을 뒤집어쓰고 다리에 관절이 있다는 공통점을 가진다.

딱정벌레는 특유의 '포식' 성향이
이용 가치가 높은 만큼 우리의 관심을 끄는
곤충 목록에서 항상 상위권을 차지한다.

하늘을 나는 딱정벌레는 드물다. 진화를 통해 땅에 더 적응했기 때문이다. 유럽검은길쭉먼지벌레는 빠르게 달리는데, 정확히 말하면 먹이를 추적할 때 속도가 어마어마하다. 민달팽이나 달팽이처럼 느린 속도로 이동하는 연체동물은 대부분 유럽검은길쭉먼지벌레의 마수에서 도망치지 못한다.

다른 많은 딱정벌레들처럼 유럽검은길쭉먼지벌레 또한 땅에서 살기 때문에 주로 땅에서 많이 발견된다. 그들을 불러들이는 일은 의외로 간단하다. 주로 땅에 널빤지, 납작한 타일, 이끼, 낙엽 등으로 거처를 만들어 놓기만 하면 된다. 딱정벌레는 특유의 '포식' 성향이 이용 가치가 높은 만큼 우리의 관심을 끄는 곤충 목록에서 항상 상위권을 차지한다.

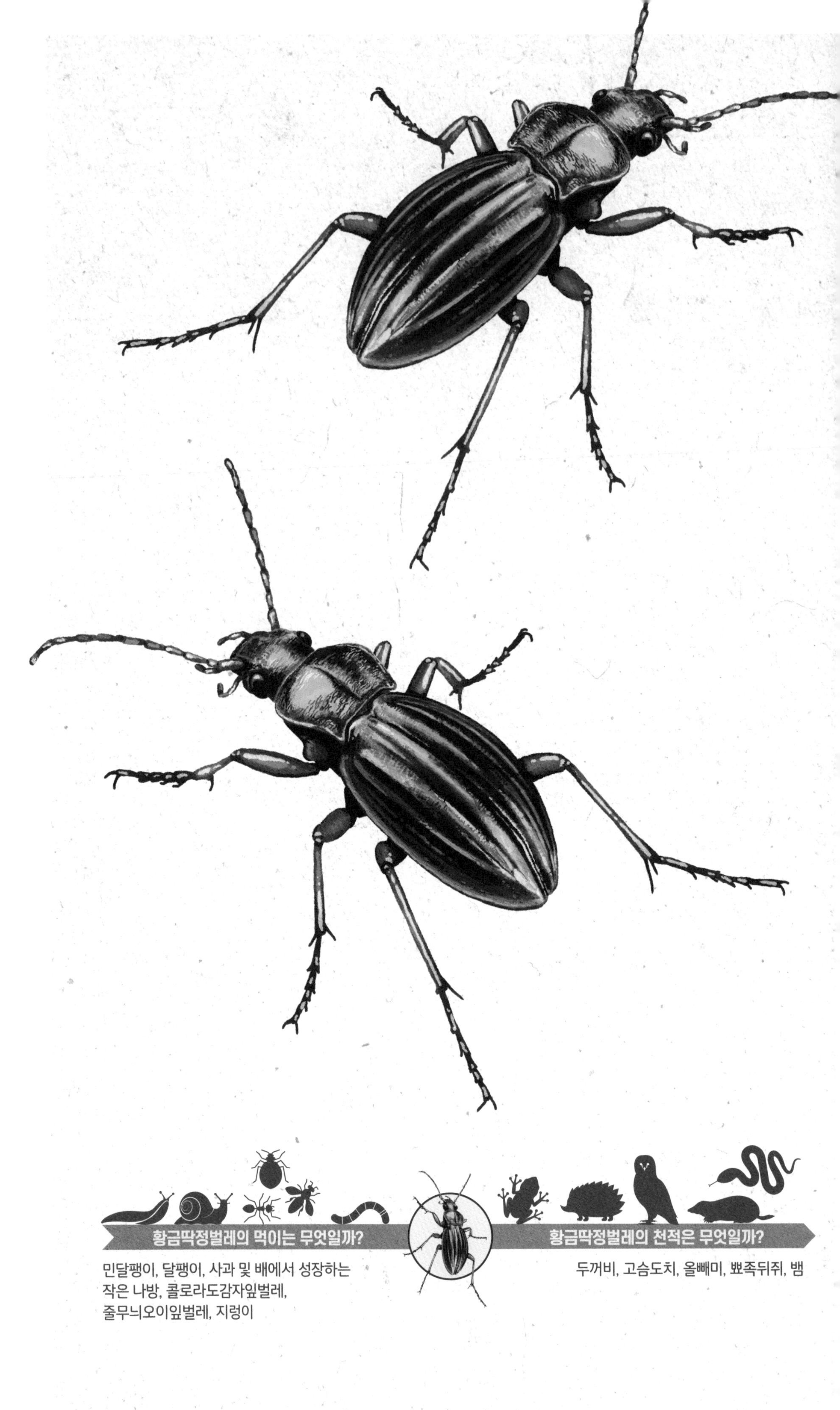
황금딱정벌레의 먹이는 무엇일까?
민달팽이, 달팽이, 사과 및 배에서 성장하는 작은 나방, 콜로라도감자잎벌레, 줄무늬오이잎벌레, 지렁이
황금딱정벌레의 천적은 무엇일까?
두꺼비, 고슴도치, 올빼미, 뾰족뒤쥐, 뱀

황금딱정벌레

Carabus auratus

황금딱정벌레는 예전에는 '벌레 정원사'라고 불렸다. 정원 어디에서나 황금딱정벌레를 볼 수 있었기 때문이다. 다른 딱정벌레들과 달리 황금딱정벌레는 한낮에 모습을 드러내는 경향이 있다. 황금딱정벌레의 금속성 초록색 껍질은 먹이를 쫓아 길을 성큼성큼 뛰어갈 때 눈에 잘 띈다. 황금딱정벌레는 날지 않지만 커다란 발로 빠르게 가속한다. 요즘은 잘 보이지 않지만, 만약 거처와 먹이를 마련한다면 이들이 돌아올 수도 있다.

황금딱정벌레는 민달팽이와 달팽이를 비롯한 수많은 정원의
'불청객들'을 어마어마하게 먹어 치운다.
그래서 생기 넘치는 정원 한편에 먹잇감들이 정착할 수 있도록
일부 공간을 가꾸지 않고 내버려 두면 좋다.

황금딱정벌레는 습도가 높고 조용한 나무 더미, 오래된 그루터기, 돌무더기 또는 낙엽에서 거처하기를 좋아한다. 이 모든 요소는 잘 조경된 정원이라면 철저하게 배제되는 것들이다. 황금딱정벌레는 민달팽이와 달팽이를 비롯한 수많은 정원의 '불청객들'을 어마어마하게 먹어 치운다. 그래서 생기 넘치는 정원 한편에 먹잇감들이 정착할 수 있도록 일부 공간을 가꾸지 않고 내버려 두거나, 더 나아가 민달팽이가 살 수 있도록 환경을 조성해 두면 좋다. 민달팽이가 있으면 민달팽이의 천적이 자연히 따라오게 되어 있다. 하지만 정원의 불청객을 보자마자 대뜸 제품이나 기계를 꺼내 든다면 정원에서 황금딱정벌레를 보기는 어려울 것이다. 주변에 방치된 장소가 있으면 황금딱정벌레를 불러들일 수 있으며, 영양분이 풍부한 땅은 애벌레와 다른 동물들의 정착을 유도한다.

딱정벌레 유충 또한 육식성이기 때문에 이 방법으로 두 배의 효과를 거둘 수 있을 것이다. 날개 없이 땅에서 사는 유충은 성충과 전혀 닮지 않았으며, 다른 벌레들이나 달팽이의 알을 공격한다. 자라면서 황금딱정벌레 유충은 초록색 성충으로 변태할 때까지 더욱더 커다란 먹이를 먹으며 자란다.

유럽붉은다리머리먼지벌레

Pseudoophonus rufipes

곤충은 셀 수 없을 만큼 많고 이중 친숙한 이름이 거의 없을 정도로 대부분 낯설기 때문에 오직 일부 전문가나 곤충 애호가만이 이러한 곤충들을 안다. 게다가 라틴어로 된 학명만 있고 일반명은 없는 곤충이 대다수다. 유럽붉은다리머리먼지벌레는 규모가 큰 딱정벌레목에 속하는데, 프랑스에만 약 1000여 종 이상의 딱정벌렛과 곤충이 서식하고 있다.

딱정벌레는 딸기 씨나 수과가 있는 건조 열매를 좋아하는 것으로 알려져 있다. 수과는 우리가 먹는 붉은색 '헛열매' 표면에 붙어 있는 작은 점들을 말한다. 유럽붉은다리머리먼지벌레는 곡식도 먹고 사는데 건과인 밀알, 잣나무, 독일가문비나무의 종자를 매우 좋아한다.

이들은 가끔 곤충이나 그 사체를 씹어 먹기도 한다.
생물 다양성이 풍부한 정원에서 딱정벌레가
환영받는 이유다.

그럼에도 불구하고 이들은 가끔 곤충이나 그 사체를 씹어 먹기도 한다. 생물 다양성이 풍부한 정원에서 딱정벌레가 환영받는 이유다. 땅의 동물 중에서도 특히 땅 아래 보금자리에 숨어 사는 곤충들에게 주의를 기울일 때, 유럽붉은다리머리먼지벌레의 어두운 껍질과 붉은색 발은 쉽게 눈에 띈다. 그러나 유럽붉은다리머리먼지벌레는 야행성이고 조심스럽게 움직인다. 유럽붉은다리머리먼지벌레는 땅에 위치한 보금자리 또는 치우지 않고 내버려 둔 나무나 낙엽 더미처럼 낮 동안 머무를 수 있는 장소라면 다 좋아한다. 때때로 널빤지나 타일을 바닥에 놓아두기만 해도 유럽붉은다리머리먼지벌레와 같은 수많은 포식자가 정원에 자리를 잡으러 올 것이다.

유럽붉은다리머리먼지벌레의 먹이는 무엇일까?

민달팽이, 달팽이, 지렁이, 쥐며느리, 방아벌레 유충

유럽붉은다리머리먼지벌레의 천적은 무엇일까?

두꺼비, 고슴도치, 올빼미 등 곤충을 잡아먹는 새

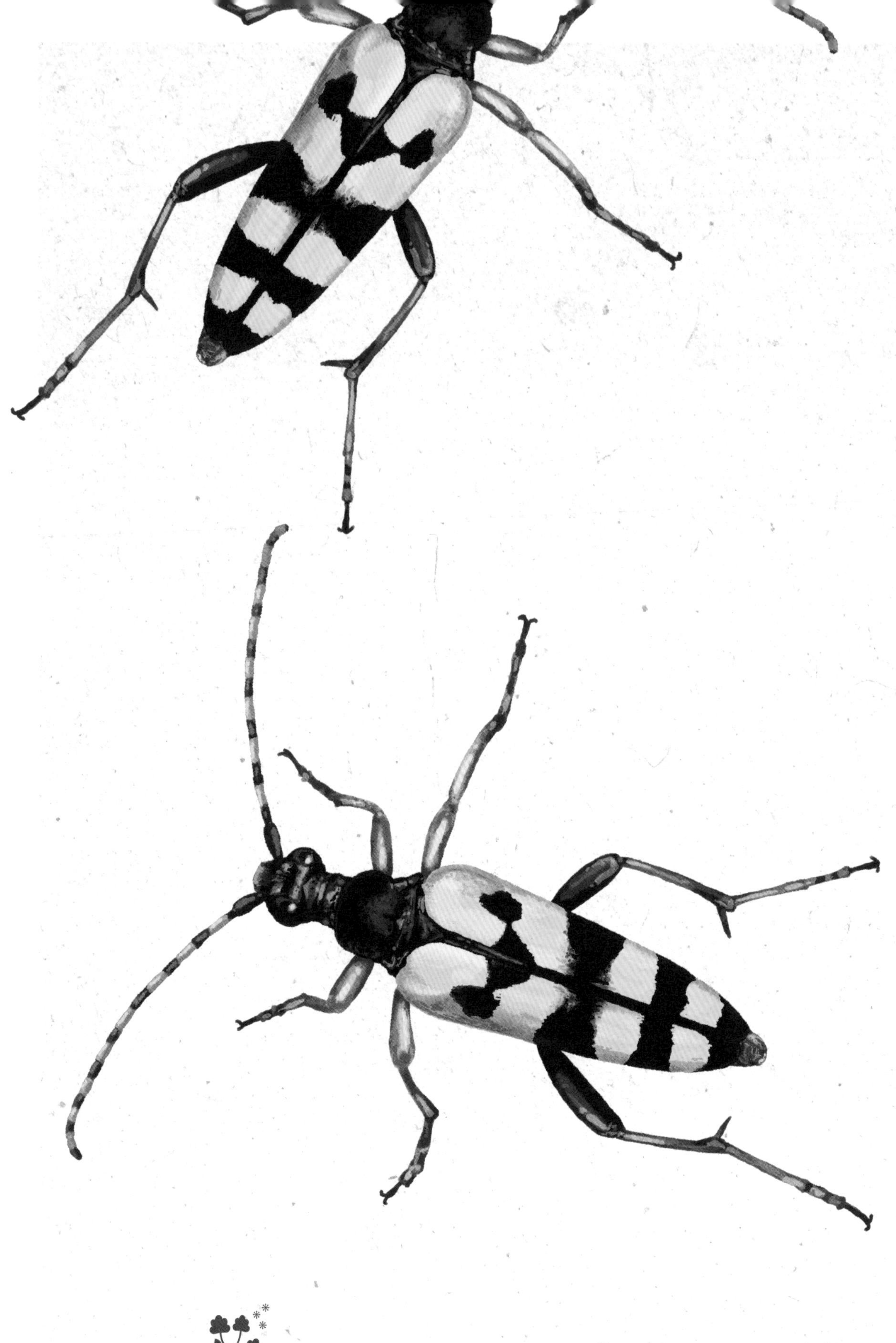

유럽알락꽃하늘소의 먹이는 무엇일까?

꽃가루, 꽃꿀(산형과, 국화과, 시스투스, 블랙베리, 산사나무)

유럽알락꽃하늘소의 천적은 무엇일까?

새, 포식성 곤충, 뾰족뒤쥐

유럽알락꽃하늘소

Leptura maculata

이 곤충은 이상하게 생긴 커다란 말벌이 아니다. 노란색과 검은색 줄무늬 때문에 말벌처럼 보이지만 말벌이 아닌 곤충들은 많다(64, 141쪽 참조). 나비, 파리, 딱정벌레처럼 보다 유명한 곤충들을 포함해서 말이다. 유럽알락꽃하늘소를 자세히 들여다보면 가죽처럼 질긴 날개를 볼 수 있는데, 마치 껍질처럼 얇은 날개를 보호하는 역할을 한다. 딱정벌레목의 특성이다.

진화를 거듭하며 곤충에게서 종종 나타나는 의태는 천적으로부터 스스로를 보호할 수 있게 한다. 우리와 비슷하게 다른 곤충들도 이 줄무늬가 말벌을 가리키는 것은 아닌지 의심한다. 그러나 말벌은 아니지만 말벌과 같은 줄무늬를 가진 모든 곤충과 마찬가지로 유럽알락꽃하늘소는 공격적이지 않다.

이들은 꽃에서 꽃으로 이동하며 수분 활동을 돕는데
특히 당근이나 회향의 하얀색 꽃을 선호한다.

오히려 꽃 위에서 자주 목격되기 때문에 수분 매개 곤충이라는 사실만 더욱 확실해진다. 녹색장미풍뎅이(62쪽 참조)처럼 유럽알락꽃하늘소는 꽃가루를 갉아 먹지만 꽃꿀도 좋아한다. 이들은 꽃에서 꽃으로 이동하며 수분 활동을 돕는데, 특히 당근이나 회향의 하얀색 꽃을 선호한다.

유럽알락꽃하늘소는 단 몇 주 동안만 정원에 핀 꽃 위에서 만날 수 있다. 이에 반해 유충의 삶은 아주 길지만 죽은 나무를 파헤치지 않는 이상 눈에 띄지 않는다. 하늘솟과에 속하는 수많은 딱정벌레목 곤충들처럼 유럽알락꽃하늘소 유충은 6개의 발을 지닌 하얀색 애벌레로 잘 숨고, 큰턱으로 죽은 나무에 좁고 긴 통로를 파서 조심스레 이동한다. 포동포동한 유럽알락꽃하늘소 유충은 곤충을 잡아먹는 포식자들에게 매우 탐나는 먹이다.

초록비단바구미

Polydrusus formosus

바구밋과 곤충들은 대부분 초록색이다. 프랑스에만 약 1000여 종이 있으며 이들을 구별하기란 불가능하다. 적어도 베테랑 곤충학자가 아니라면 말이다. 모든 바구미는 일반적으로 같은 모습을 하고 있다. 하지만 조금 더 다가가 조심스럽게 그들의 몸통 앞쪽, 특히 머리를 관찰해 볼 필요가 있다. 종에 따라서 길이가 조금씩 다르고 두 번 접힌 더듬이는 입에서 이쪽저쪽으로 뻗어 있다.

초록비단바구미는 성충이 된 후 주로 이파리를 먹는데,
이들이 싫증을 내려면 과실수처럼 이파리가 한가득 있어야 한다.

이 작은 바구미는 비교적 짧은 입을 갖고 있으며 몸통의 비늘층이 눈에 띈다. 여기에 박힌 작은 점들이 일종의 '가루'를 형성한다. 초록색 장식이 점처럼 박혀 있는 듯한 초록비단바구미는 이런 외향 덕에 호감을 불러일으킨다. 하지만 바구미라는 이름은 영농업에서 결코 환영받지 못한다. 일부 바구미종이 농작물을 먹어 치우기 때문이다. 식물을 먹고 사는 초록비단바구미는 실제로 종에 따라 이파리, 줄기, 뿌리를 먹는다.

식물의 뿌리는 변태하기까지 땅속에 숨어 사는 작은 하얀 애벌레인 초록비단바구미 유충의 먹이다. 초록비단바구미는 성충이 된 후 주로 이파리를 먹는데, 이들이 싫증을 내려면 과실수처럼 이파리가 한가득 있어야 한다. 초록비단바구미의 사촌 격인 일부 바구미들의 경우, 유충들이 변태하기 위해 땅으로 내려가기 전에 헤이즐넛과 도토리 열매 안쪽을 먹어 치우고 빠져나오며 남기는 작은 구멍 때문에 엉겁결에 유명해졌다. 초록비단바구미는 특히 긴 구기를 갖고 있다는 점에서 코끼리를 닮았다(또는 그 반대로 말할 수도 있다!).

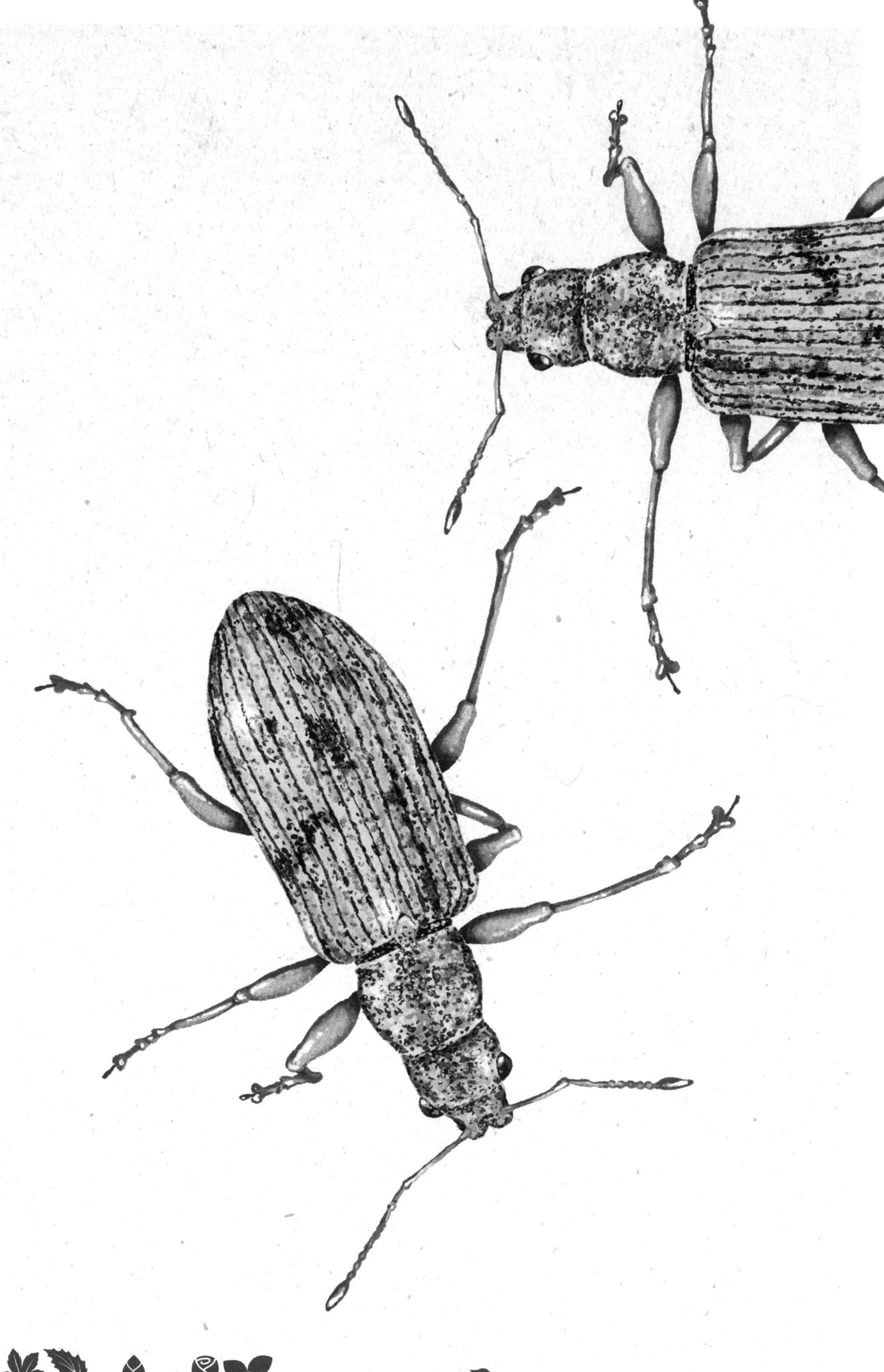

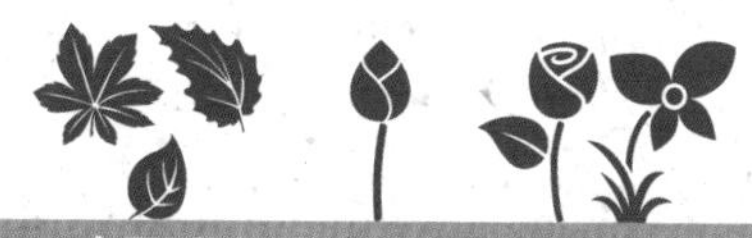

초록비단바구미의 먹이는 무엇일까?

이파리(노랑자작나무, 라즈베리, 벚나무, 복숭아나무, 사과나무, 서양배나무, 서양자두나무, 참나무, 포플러나무, 버드나무, 보리수), 싹, 꽃

초록비단바구미의 천적은 무엇일까?

새, 포식성 곤충, 뾰족뒤쥐

유럽줄범하늘소

Clytus arietis

이번에도 무늬와 색깔이 말벌을 연상시키는 곤충이지만, 말벌과 달리 전혀 위험하지 않다. 말벌 또는 꿀벌처럼 신나게 꽃꿀과 꽃가루를 즐기는 유럽줄범하늘소는 꽃 위에서 관찰할 수 있다. 유럽줄범하늘소는 말벌이 아니라 딱정벌레목으로, 앞날개가 가죽처럼 질겨 진짜 날개를 숨기고 보호하는 곤충이다. 따라서 꿀벌, 말벌 또는 개미처럼 항상 두 쌍의 날개를 관찰할 수 있는 꿀벌목과는 다르다.

유럽줄범하늘소에게는 독이 없지만, 우리가 유럽줄범하늘소를 미주치면 그러하듯 일부 천적들은 이 호랑무늬를 보면 경계하며 물러선다. 하지만 유럽줄범하늘소는 쉽게 볼 수 없다. 성충도 눈에 안 띄지만 마른나무를 먹고 사는 유충도 거의 2년을 완전히 숨어서 지낸다. 성충으로 변태한 후에는 몇 주밖에 살지 못하는데, 그동안 꿀을 모으고 짝짓기를 하고 유충에게 이상적인 마른나무 조각을 찾아낸다.

따라서 나뭇더미나 죽은 나무를 세워 놓거나
눕혀 놓기만 해도 유럽줄범하늘소를 불러들일 수 있다.

따라서 나뭇더미나 죽은 나무를 세워 놓거나 눕혀 놓기만 해도 유럽줄범하늘소를 불러들일 수 있다. 더듬이가 긴 사촌 격 곤충들처럼 유럽줄범하늘소 유충은 죽은 나무를 땅으로 돌려보내 준다. 때때로 벽난로를 때려고 장작을 들여 놓을 때면 한겨울인데도 열기 때문에 성충이 튀어나와 한겨울에 거실을 날아다니는 유럽줄범하늘소를 관찰할 수 있다. 하지만 이 경우에는 오래 살아남지 못한다. 유럽줄범하늘소는 바깥 온도와 동일한 온도인 환경에서 숨어 살아야만 휴면 상태를 유지한 채 움직이지 않고 겨울을 날 수 있기 때문이다.

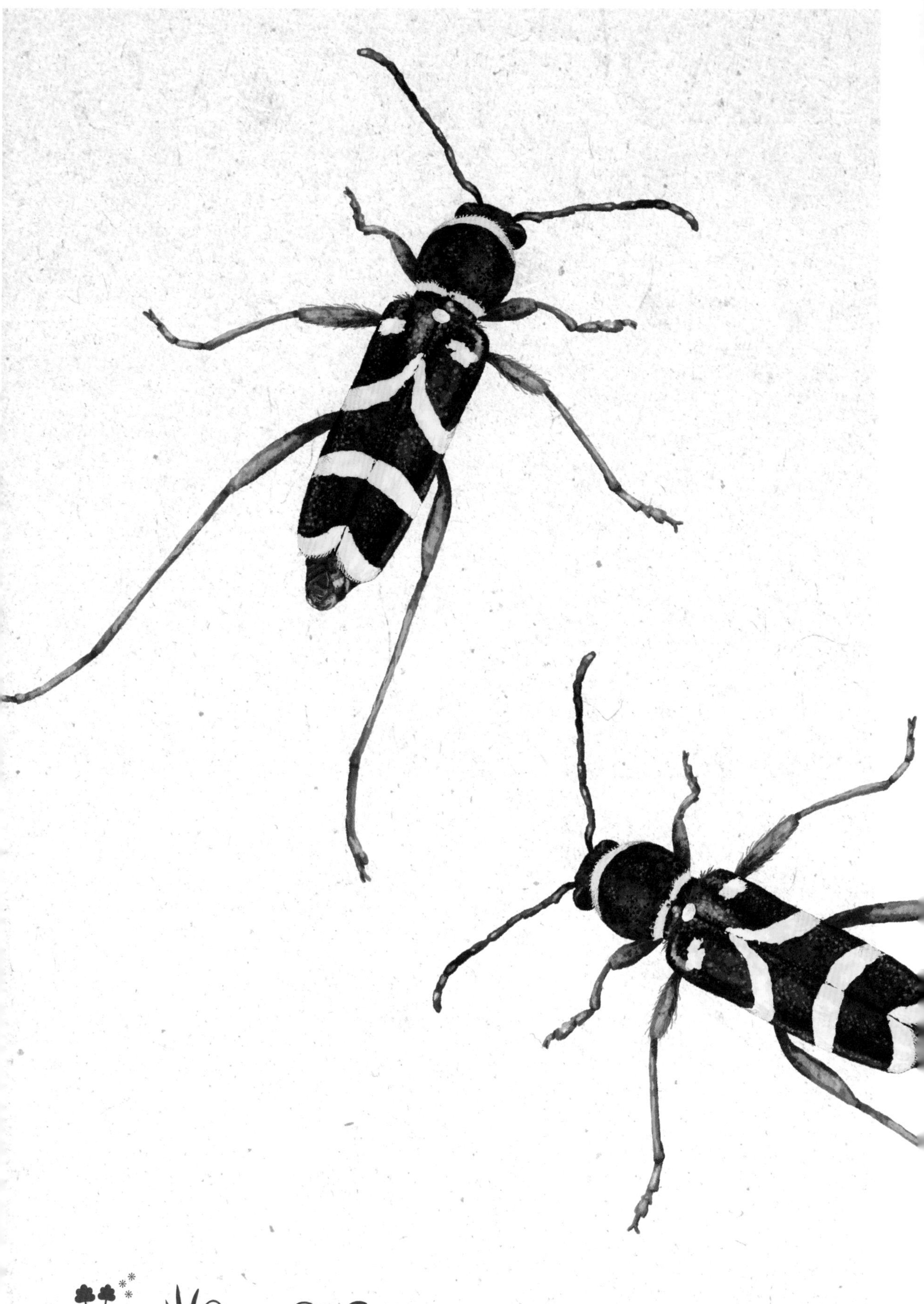

유럽줄범하늘소의 먹이는 무엇일까?

꿀, 꽃가루, 꽃(회향, 큰아스트린티아, 전호, 라줄리당귀)

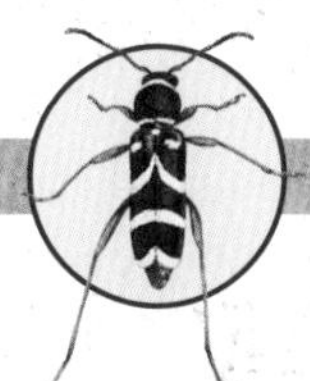

유럽줄범하늘소의 천적은 무엇일까?

새, 포식성 곤충, 뾰족뒤쥐

우울넓적송장벌레의 먹이는 무엇일까?

민달팽이, 애벌레, (살아 있는) 곤충

우울넓적송장벌레의 천적은 무엇일까?

뒤영벌류, 새, 고슴도치

우울넓적송장벌레

Silpha tristis

여기 또 다른 딱정벌레목 곤충이 있다. 정원에, 그리고 전 세계 도처에 다양한 종이 있는 만큼 이상한 일이 아니다. 가죽처럼 질긴 앞날개로 막질의 날개를 보호하는 우울넓적송장벌레는 놀라울 만큼 종류가 다양하다. 일부는 무당벌레처럼 날아오를 때 앞날개를 들어 올리고(82, 85, 86쪽 참조), 또 일부는 황금딱정벌레(69쪽 참조)처럼 앞날개를 양옆으로 벌려 날개를 꺼낸다. 우울넓적송장벌레는 썩어 가는 동물의 사체를 찾아 오래, 그리고 멀리 걷는다. 이들 덕분에 동물의 사체가 땅으로 돌아가게 되는 것이다.

우울넓적송장벌레는 특히 달팽이 '전문가'다.
다른 종보다 더 긴 머리는 달팽이집의 껍질을 더 깊숙이 뚫는다.
달팽이가 언제나 정원의 불청객인 만큼
우울넓적송장벌레는 귀한 손님이다.

우울넓적송장벌레는 특히 달팽이 '전문가'다. 다른 종보다 더 긴 머리는 달팽이집의 껍질을 더 깊숙이 뚫는다. 달팽이가 언제나 정원의 불청객인 만큼 우울넓적송장벌레는 귀한 손님이다. 적어도 우울넓적송장벌레를 자극하지 않고 가만히 관찰하는 데 성공한 이들에게는 그렇다. 이렇게 검은색에 바닥을 기어 다니는 곤충이 사람들의 호감을 사기는 어렵지만, 겉모습으로만 판단하기에 곤충들은 놀라울 만큼 다양하고 다르다. 우울넓적송장벌레를 보면 알 수 있듯, 검은 곤충이라고 해서 본능적으로 혐오 낙인을 찍어 버리면 대부분 우리만 손해다. 모양은 비슷하나 더 알록달록한 다른 종의 경우 정원에 서식하는 여러 곤충 또는 연체동물을 잡아먹거나 그 시체를 땅에 묻는다. 우물넓적송장벌레를 쉽게 불러들이려면 먹이, 예를 들어 달팽이를 없애지 않아야 한다. 또한 우물넓적송장벌레 유충이 먹는 부패 중인 유기물이 널려 있는 평화로운 장소를 만들면 이들의 수가 훨씬 늘어날 것이다.

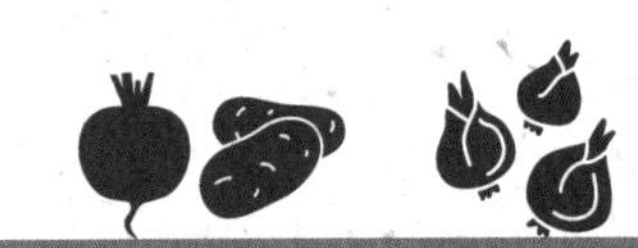

정원긴몸방아벌레의 먹이는 무엇일까?

감자, 당근, 파스닙, 순무, 무, 샐러드,
아스파라거스, 딸기, 구근 식물

정원긴몸방아벌레의 천적은 무엇일까

새, 두더지, 뾰족뒤쥐, 딱정벌레

정원긴몸방아벌레

Athous haemorrhoidalis

곤충에 관심이 있는 사람이라면 단연코 밝거나 어두운 밤색에 매우 길쭉한 몸통을 가진 이 곤충을 알아볼 것이다. 다양한 종이 존재하는 만큼 크기도 제각각이지만, 모든 방아벌레는 겉모습이 비슷비슷하다.

정원긴몸방아벌레는 불안해지면 앞날개 밑에 숨겨 두었던 날개를 펼쳐 날아오른다. 때로는 움직임을 멈추고 위장을 하기도 한다. 몸을 움직이지 않은 채 발을 잘 갈무리해 접어서 껍질 밑으로 완벽하게 숨기면 나무 씨앗이나 작은 조각이라고 착각할 정도여서, 이런 자세로 땅바닥에 떨어지면 모든 포식자는 속아 넘어갈 수밖에 없다.

대부분 식물을 먹고 살기 때문에, 뿌리를 갉아 먹어
일부 영농업자들을 괴롭히곤 한다. 해마다 농작물을 바꾸어 심고,
포식자와 기생충이 공존하는 생기 넘치는 정원이라면
정원긴몸방아벌레의 수가 너무 늘어나는 일을 방지할 수 있다.

위험이 사라지고 나면 방아벌레는 다시 발과 날개를 펼치고 하던 일을 계속한다. 아주 드물게 흉부의 힘을 이용해 공중으로 뛰어오르기도 하는데, 덕분에 끈질긴 천적을 따돌리거나 등으로 떨어졌을 때 다시 몸을 뒤집을 수 있다. 방아벌레의 흉부에는 작은 돌출부와 홈으로 나뉘어져 있는 일종의 독특한 '용수철 시스템'이 있다. 돌기가 홈에 맞물리면 그 충격으로 방아벌레의 몸이 뒤집힌다.

성충은 눈에 잘 안 띄지만 방어벌레의 유충은 얇고 길고 작은 흰색 애벌레로 때때로 '철사 벌레'라고도 불린다. 대부분 식물을 먹고 살기 때문에, 뿌리를 갉아 먹어 일부 영농업자들을 괴롭히곤 한다. 해마다 농작물을 바꾸어 심고, 포식자와 기생충이 공존하는 생기 넘치는 정원이라면 정원긴몸방아벌레의 수가 너무 늘어나는 일을 방지할 수 있다.

칠성무당벌레

Coccinella septempunctata

자, 이번에 소개할 곤충은 사랑받는 곤충의 전형인 무당벌레다. 무당벌레는 색깔과 동그란 모양새로 어린 시절부터 우리의 눈을 즐겁게 하지만, 천적들에게는 경계의 대상이다. 무당벌레의 색깔이 독성을 경고하는 위협 신호(경고색)로 작용하기 때문이다. 실제로도 무당벌레는 불쾌한 물질을 분비한다.

다양한 무당벌레종 중 칠성무당벌레는 성충이 된 이후 내내 빨간색 바탕에 까만 점이 박힌 모습이다. 반면 사촌 격인 두점무당벌레는 빨간색 바탕에 까만 점이 박혀 있거나 까만색 바탕에 빨간 점이 박혀 있는 두 가지 형태를 갖는다. 무당벌레(85쪽 참조) 같은 다른 종도 각각 다양한 모습을 하고 있다.

정원에서 무당벌레를 보고 싶다면 진딧물과 같은 먹잇감을 정원에 그대로 두거나 진딧물을 불러들이기 위한 식물을 심으면 좋다.

칠성무당벌레는 성충이 아니라 유충 시절에 변화한다. 알에서 나와 아주 자그마한 상태인 유충은 발 6개에 날개는 없고 매우 어두운 색을 띤 작은 애벌레 모습을 하고 있다. 성충과는 전혀 다른 모습이다. 유충은 알에서 나오자마자 먹을 진딧물, 깍지벌레, 응애 등과 가까운 데에서 태어나고 자라면서 꿏꿀을 빨아 먹거나 때때로 식물 부스러기를 먹는다. 몇 주 후에는 허물을 벗으면서 나뭇잎 아래에 붙어 번데기 상태로 며칠 동안 움직이지 않는데 이때 무당벌레의 몸은 마치 애벌레가 나비가 되듯, 구더기가 파리가 되듯 완전히 변태하고 성충으로 변화한다.

정원에서 무당벌레를 보고 싶다면 진딧물과 같은 먹잇감을 정원에 그대로 두거나 진딧물을 불러들이기 위한 식물을 심으면 좋다. 이렇게 정원으로 유인된 무당벌레는 다른 식물들을 보러 돌아다닐 것이다. 여름과 겨울을 위한 보금자리를 마련해 놓는다고 해도 그곳에 머무를지는 미지수지만 시도해 볼 만한 가치는 있다.

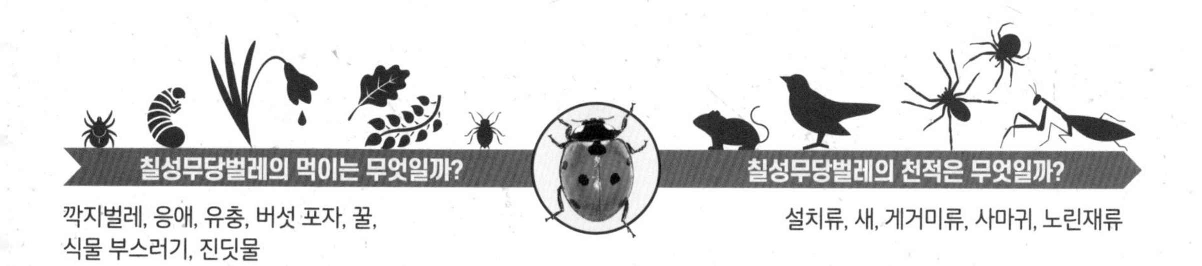

깍지벌레, 응애, 유충, 버섯 포자, 꿀,
식물 부스러기, 진딧물

설치류, 새, 게거미류, 사마귀, 노린재류

무당벌레의 먹이는 무엇일까?

진딧물, 나무이, 깍지벌레, 다른 무당벌레, 곤충, 상한 과일

무당벌레의 천적은 무엇일까?

설치류, 새, 게거미류, 사마귀, 노린재류

무당벌레

Harmonia axyridis

인간은 오래전부터 무당벌레를 이용해 진딧물 또는 수액을 빨아 먹는 다른 곤충들을 퇴치해 왔다. 20세기 이후, 특히 미국에서 효율적이고 서식 환경이 까다롭지 않다는 이유로 대대적으로 사용된 무당벌레는 2000년대 초반에 유럽 전역으로 퍼져 나가 새로운 땅에 정착해 살기 시작했다. 미국의 대량 사육장에서 빠져나오거나 우연히 유럽으로 흘러 들어온 개체들이 벨기에를 거쳐 프랑스에까지 당도한 것이다.

우리는 이 무당벌레를 들여와 자리 잡게 한 다음 골칫거리인 진딧물을 퇴치하는 데 이용했다. 무당벌레는 때때로 유럽이 고향인 무당벌레들의 '자리를 빼앗았다'는 비난을 받는다. 외래종이라면 대부분 듣는 비난이다.

20세기 이후, 특히 미국에서 효율적이고
서식 환경이 까다롭지 않다는 이유로 무당벌레가
대대적으로 사용되었다.

하지만 사실 필요한 환경을 조성해 무당벌레를 이 땅에 정착시킨 것은 다름 아닌 우리다. 게다가 무당벌레는 다른 무당벌레들에게 영향을 미치는 병원균, 특히 곰팡이에 보다 저항성이 강한 듯하다. 이들은 오히려 곰팡이에 개의치 않고 많은 진딧물을 잡아먹는다.

겨울에는 일부 종이 모여 크고 작은 집단을 이뤄 봄이 올 때까지 피난처에서 겨울을 난다. 보통 무당벌레는 굴곡진 바위 사이, 구멍 뚫린 나무, 오래된 건물 등에 자리 잡는다. 무당벌레는 겨울을 잘 나기 위한 은신처로 우리가 살고 있는 건물을 찾기도 한다. 다만 건물의 온도가 높으면 제대로 휴면기를 가질 수 없다. 휴면기란 겨울 내내 먹이를 먹지 않고도 살아남을 수 있게 해 주는 일종의 에너지 절약 상태를 말한다. 가장 이상적인 방법은 '무당벌레 집'을 설치해 주는 것이다. 쉽게 직접 만들 수 있으며(인터넷의 설명 영상 참조), 멀지 않은 곳에 두면 그곳으로 들어가려고 할 것이다.

이십이점무당벌레

Psyllobora vigintiduopunctata

이 무당벌레의 나이는 스물두 살일까? 아니다. 이 무당벌레는 겨우 몇 주만 살 수 있다. 무당벌레의 점은 나이가 아니라 종과 상관이 있다. 실제로 프랑스에만 약 100여 종의 무당벌레가 살고 있고 점의 개수는 2개에서 24개까지로 무늬도 가지각색이다. 일부는 다양한 색깔을 갖고 있고 무당벌레(85쪽 참조)처럼 점의 개수도 천차만별이다. 무당벌레의 유충은 탈피를 거듭하며 자라고 변화한다. 크기가 작아 식물에 붙어 있어도 발견하기 어렵지만 유충 또한 노란색에 검은 점박이 무늬를 가졌다. 무당벌레를 비롯한 수많은 곤충과 마찬가지로 유충은 성충과 모습이 매우 다르다. 6개의 발로 기어 다니는 작은 애벌레처럼 생긴 무당벌레 유충은 나뭇잎 아래에 몸을 고정하고 미동도 없이 번데기 과정을 시작하며 완전 변태를 준비한다.

참나무류 또는 숲의 가장자리에 있는 식물들의
곰팡이를 상당히 좋아하는 이십이점무당벌레는 단풍나무,
야생 산형과의 꽃이 자라는 정원을 좋아한다.

이십이점무당벌레는 '채식성'이다. 정확히 말하자면 작은 곰팡이를 먹이로 삼는데(곰팡이는 식물도 동물도 아니다), 이 곰팡이 중에는 흰가루병균이나 노균병균처럼 식물에 질병을 일으키는 균들도 있다. 이십이점무당벌레가 이 곰팡이들의 일부를 먹어 치우기 때문에 이 무당벌레가 정원에 찾아와 준다면 오히려 감사할 일이다. 참나무류 또는 숲의 가장자리에 있는 식물들의 곰팡이를 상당히 좋아하는 이십이점무당벌레는 단풍나무, 야생 산형과의 꽃이 자라는 정원을 좋아한다. 이십이점무당벌레의 색깔은 초록색 나뭇잎이 가득한 풍경에 알록달록한 색을 입혀 준다.

이십이점무당벌레의 먹이는 무엇일까?

식물 기생성 균류(흰가루병균, 녹병균)

이십이점무당벌레의 천적은 무엇일까?

설치류, 새, 게거미류, 사마귀,
노린재류, 양서류

유럽사슴벌레의 먹이는 무엇일까?
꿀, 과일, 수액
유럽사슴벌레의 천적은 무엇일까?
땅벌류, 딱정벌레목, 까치, 어치

유럽사슴벌레

Lucanus cervus

포유류 중 사슴이 숲의 왕인 것처럼 사슴벌레는 곤충들 중 숲의 왕이다. 압도적인 크기와 (오직 수컷에게만 있는) 큰턱은 사슴과 사슴뿔을 닮아 그 누구도 그냥 지나칠 수 없게 만든다. 숲과 숲 언저리가 유럽사슴벌레의 주 서식지인 이유는 발이 6개 달린 하얀색 애벌레 형태의 유럽사슴벌레 유충이 그곳에서 썩은 나무와 같은 먹이를 쉽게 찾을 수 있기 때문이다. 예를 들어 유럽사슴벌레 유충은 오래된 그루터기를 보금자리 겸 먹이로 삼아 그곳에서 수년(약 5년) 동안 햇빛과 사람들의 시선을 피해 숨어 산다. 오소리나 청딱따구리 같은 천적들은 사슴벌레 유충을 포식하기 위해 그루터기를 긁고 쪼아 댄다. 숲 변두리와 멀지 않은 정원에서는 사슴벌레 성충이 날아다니는 모습을 볼 수 있다. 수년 동안 가꾸지 않고 자연적으로 내버려 둔, 죽은 나무가 충분히 많은 정원에는 사슴벌레 유충이 생길 수 있다.

숲 변두리와 멀지 않은 정원에서는 사슴벌레 성충이 날아다니는
모습을 볼 수 있다. 수년 동안 가꾸지 않고 자연적으로 내버려 둔,
죽은 나무가 충분히 많은 정원에는 사슴벌레 유충이 생길 수 있다.

밤이 오기 전 유럽사슴벌레는 웅장하게, 시끄러운 소리를 내며 수직으로 날아오른다. 우리 시야 정도의 높이까지 날아오르면 커다랗고 어두운 몸체가 하늘을 배경으로 두드러지는데, 그들은 이때 냄새의 흔적을 좇아 암컷을 찾거나 나무, 특히 참나무를 찾아다닌다. 유럽사슴벌레는 나무의 벌어진 틈 사이로 흘러나오는 발효된 수액을 좋아한다. 유럽사슴벌레는 구기 아랫부분으로 그 수액을 핥아 먹는다. 큰턱은 수컷끼리 싸우거나 짝짓기 때 암컷의 자세를 잡고 유지하는 데 쓰인다.

유럽왕사슴벌레의 먹이는 무엇일까?

유충: 나무(보리수, 버드나무, 포플러나무, 과실수),
성충: 수액

유럽왕사슴벌레의 천적은 무엇일까?

어치, 까치, 땅벌류

유럽왕사슴벌레

Dorcus parallelipipedus

정원에서는 때때로 유럽사슴벌레와 유럽왕사슴벌레가 함께 노니는 모습이 목격된다. 유럽왕사슴벌레는 유럽사슴벌레(89쪽 참조) 수컷과는 닮지 않았지만 암컷과는 비슷하게 생겨 헷갈릴 정도다. 그렇게 놀랄 일은 아니다. 유럽사슴벌레 암컷은 커다란 턱을 갖고 있지 않으며 유럽사슴벌레 암컷과 유럽왕사슴벌레 모두 딱정벌레목의 사슴벌렛과다.

그렇지만 유럽왕사슴벌레는 크기가 조금 더 작고, 조금 더 어두운 색을 띠며 밤색이 덜 섞여 있고 정원에 많이 산다. 물론 이들을 알아보기가 항상 쉽지만은 않다. 하지만 한번 눈에 띄고 나면 느릿느릿하고 잘 움직이지 않는 덕분에 그들을 쉽게 관찰할 수 있다. 그들의 습성 또한 유럽사슴벌레와 비슷하다. 유럽왕사슴벌레 유충도 발이 6개 달린 '하얀색 애벌레' 형태로 수년 동안 잘 썩은 나무를 갉아 먹으며 성장한다.

유럽왕사슴벌레가 정원을 날아다니거나 배회한다는 것은
그 유충이 나무가 땅으로 돌아갈 수 있도록,
그리고 주변 땅이 비옥해지도록 돕고 있다는 뜻이다.

그래서 너도밤나무, 보리수, 포플러나무 등의 오래된 낙엽수나 그루터기, 오래된 과실수가 있는 커다란 정원에서 이 곤충을 만날 가능성이 가장 높다. 유럽왕사슴벌레는 이 정원에서 완벽하게 변태할 때까지 머무른다. 완전 변태 과정은 유럽왕사슴벌레 유충이 갉아 놓은 작은 구멍에서 이뤄지며, 그곳에서 번데기(변태 중 움직이지 않는 상태)가 된다.

일단 성충이 되면 유럽왕사슴벌레는 날 수 있는데, 특히 땅거미가 질 즈음 앞날개에 감춰 뒀던 날개를 펼쳐 날아오른다. 이 앞날개는 일반적으로 무당벌레, 풍뎅이, 딱정벌레, 사슴벌레 등의 모든 딱정벌레목이 그렇듯 질긴 재질이다. 유럽왕사슴벌레가 정원을 날아다니거나 배회한다는 것은 그 유충이 나무가 땅으로 돌아갈 수 있도록, 그리고 주변 땅이 비옥해지도록 돕고 있다는 뜻이다. 이처럼 유럽왕사슴벌레 유충의 존재감 또한 상당하다.

유럽금테비단벌레

Lamprodila festiva

도시를 포함해 우리 주변에 서식하는 가장 아름다운 딱정벌레목 곤충 중 하나는 서양측백나무 섭식자다. 곤충 애호가들이라면 몸길이 약 1센티미터에 초록빛 광택과 푸르스름한 점을 지닌 이 비단벌레를 알아볼 수 있다. 서양측백나무나 사이프러스 또는 노간주나무를 포함하는 측백나뭇과 식물 주변을 주의 깊게 살펴보면 수월하게 유럽금테비단벌레를 찾아낼 수 있다. 유럽금테비단벌레는 노간주나무벌레라고도 불린다.

독특한 모습을 한 유럽금테비단벌레는 딱정벌레목에 속하며, 그 유충은 나무를 파먹는다. 성충은 먹이로 삼을 나무의 아주 작은 약점까지 파악할 줄 알며, 생명력이 왕성한 나무는 거의 공격하지 않는다.

유럽금테비단벌레는 울타리 파괴자로 인식되는
경향이 있는데, 사실은 이미 병든 측백나무가 보다 빠르게 땅으로
되돌아갈 수 있도록 이들의 유충이 도움을 준다고 할 수 있다.

유럽금테비단벌레는 측백나무나 사이프러스의 나무껍질 사이에 알을 낳는데, 유충은 부화하자마자 나무 안을 갉아 먹는다. 유충의 성장은 느린 편이며 턱으로 뚫은 좁은 길에서 탈피를 거듭한다. 유충을 알아보기란 거의 불가능하다. 나무껍질 바로 아래에서 성충으로 변태한 경우, 또는 변태한 성충이 밖으로 나온 경우를 제외하면 말이다. 성충은 나무에 작은 구멍을 남긴다. 오래된 가구에서도 관찰할 수 있는 이러한 구멍들은 유럽금테비단벌레 유충이 성충이 되어 떠났음을 의미한다.

성충의 삶은 더욱 짧아서 단 몇 주밖에 살아남지 못한다. 이들은 그동안 짝을 짓고 자손을 받아 줄 나무를 찾는다. 유럽금테비단벌레는 울타리 파괴자로 인식되는 경향이 있는데, 사실은 이미 병든 측백나무가 보다 빠르게 땅으로 되돌아갈 수 있도록 이들의 유충이 도움을 준다고 할 수 있다.

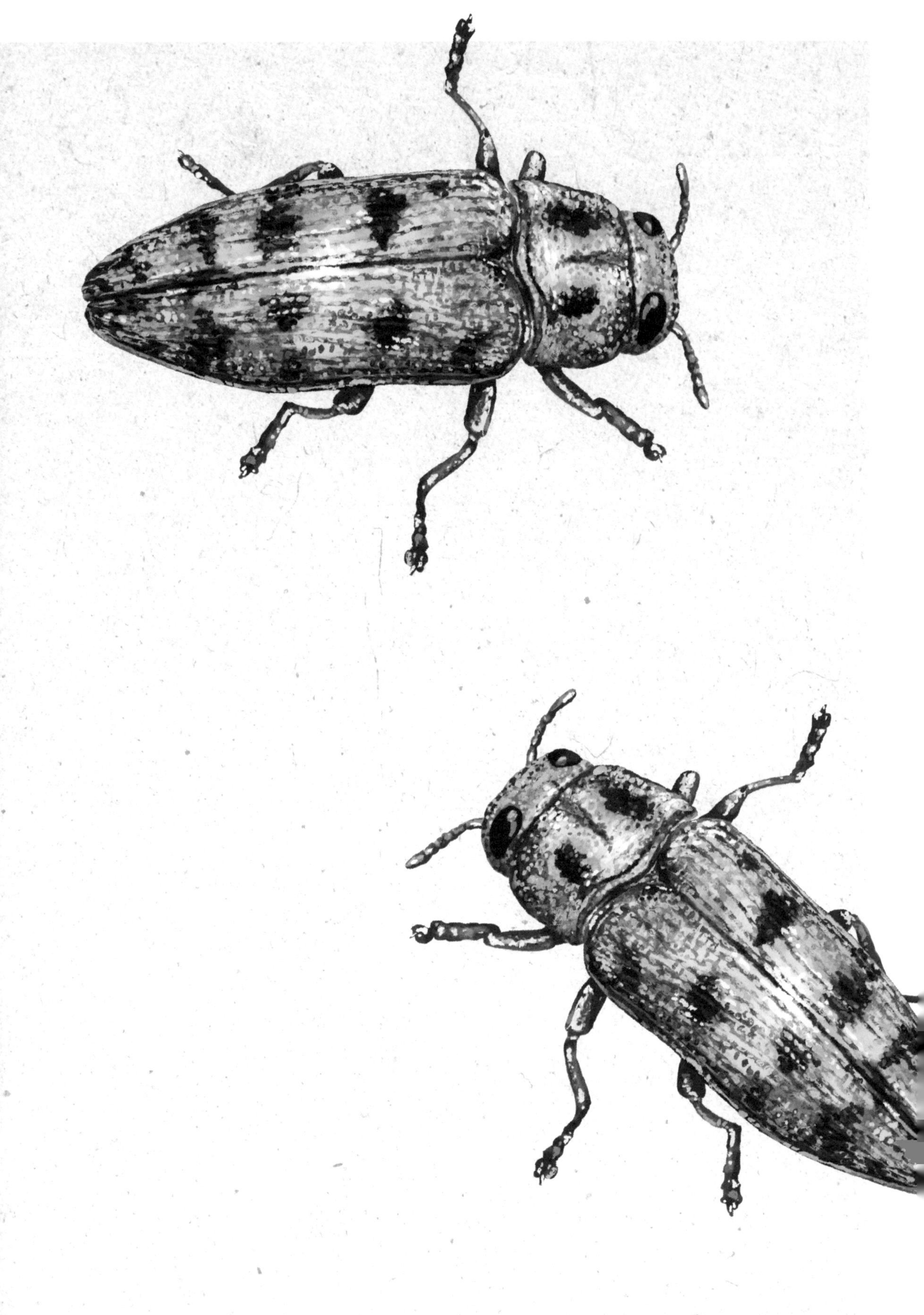

유럽금테비단벌레의 먹이는 무엇일까?

유충: 눈측백속, 사이프러스

유럽금테비단벌레의 천적은 무엇일까?

식충성 새, 땅벌류, 거미

붉은병정산병대벌레

Rhagonycha fulva

정원과 정원에 사는 작은 이웃들을 자주 관찰하다 보면 특유의 형태와 색깔 덕분에 쉽게 눈에 띄는 방문객이 있다. 처음에는 기다란 몸에 갈색, 황갈색, 특히 불그스름한 색이 먼저 눈에 들어오며, 더 가까이에서 보면 복부부터 앞날개까지의 색깔 차이가 명확하게 드러난다. 이들은 긴 앞날개를 높이 들어 올려 날개를 펼치고 비행하는데, 순식간에 날아올라 민첩하지만 다소 수선스럽게 꽃 위를 맴돈다.

붉은병정산병대벌레는 콜로라도감자잎벌레 유충이나 애벌레, 또는 정원의 다른 '불청객'들처럼 움직임이 적고 몸집이 작은 먹잇감을 찾아다닌다.

비행의 귀재인 붉은병정산병대벌레는 꽃에서 꽃으로, 짝을 찾기 위해 또는 먹잇감을 노리기 위해 날아오른다. 이들은 꽃에서 단백질로 가득한 꽃가루를 끄집어내며, 꽃이 별로 없거나 시들시들할 때는 때때로 사냥을 통해 얻은 먹잇감에서 힘을 얻는다. 붉은병정산병대벌레는 콜로라도감자잎벌레 유충이나 애벌레, 또는 정원의 다른 '불청객'들처럼 움직임이 적고 몸집이 작은 먹잇감을 찾아다닌다. 병대벌렛과에는 붉은병정산병대벌레와 겉모습이 비슷한 사촌 격 곤충들이 많은데, 이 곤충들 또한 정원의 포식자들이다. 심지어 날개가 없고 발은 6개 달린 유충까지도 땅에서 포식자 노릇을 한다. 유충은 매우 활동적으로 땅에 떨어진 낙엽 더미 사이를 걸어 다니며 작은 곤충, 갑각류, 연체동물 등 많은 먹잇감을 찾는다. 붉은병정산병대벌레 유충은 명확한 사랑의 증거다. 왜냐하면 붉은병정산병대벌레의 경우 꽃 위에서, 우리 눈 바로 아래에서 짝짓기를 하기 때문이다. 이 작은 커플은 대체로 몸집이 더 작은 수컷이 암컷 위에 올라타 있는데, 야생 산형과 꽃 위에서 이런 모습을 쉽게 관찰할 수 있다.

비옥하고 평화로운 땅에 야생화가 자유로이 피어 있는 정원이라면 쉽게 붉은병정산병대벌레를 볼 수 있다. 꽃의 수분을 도와줄 뿐 아니라 포식자이기도 한 붉은병정산병대벌레는 정원에 많은 활기를 불어넣어 준다.

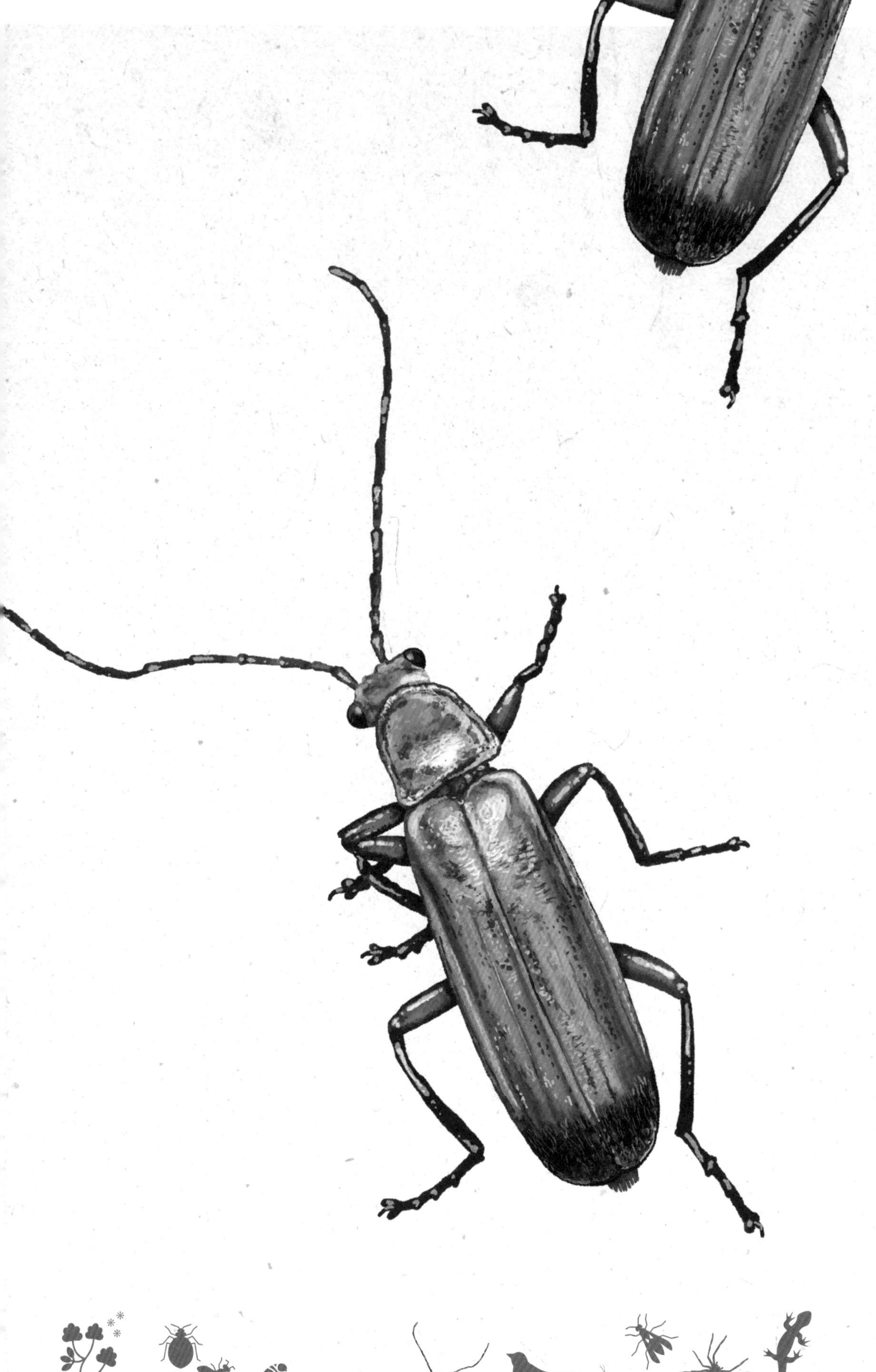

붉은병정산병대벌레의 먹이는 무엇일까

꽃가루, 작은 곤충, 유충, 진딧물

붉은병정산병대벌레의 천적은 무엇일까?

식충성 새, 사마귀, 땅벌류, 거미, 뾰족뒤쥐, 도마뱀

유럽대왕검정반날개의 먹이는 무엇일까?

사체, 무척추동물(민달팽이, 달팽이, 지렁이, 애벌레, 유충), 곤충 알

유럽대왕검정반날개의 천적은 무엇일까?

고슴도치, 설치류, 새

유럽대왕검정반날개

Ocypus olens

매우 커다랗고 검은 곤충을 만나면 무시하고 지나가기란 불가능하다. 특히 그 곤충이 배를 위로 들어 올리고 큰턱을 벌렸을 때는 더더욱 그렇다. 전갈인가? 물까? 전혀 그렇지 않다. 이 곤충들은 인간에게 전혀 해가 되지 않는다. 일어서 있는 이유는 몸통 뒤에서 분비되는 메스꺼운 물질을 잘 내보내기 위해서다.

짙은 검은색에 너무나도 위협적인 모습을 하고 있어서 때때로 '악마'라고 불리기도 한 유럽대왕검정반날개는, 실제로는 공격적이지 않고 정원의 보석 같은 존재라 오히려 찾아와 주기를 바라야 할 정도다. 뛰어난 포식자인 유럽대왕검정반날개는 특히 달팽이와 민달팽이를 좋아한다. 하지만 땅에 사는 곤충이나 유충 또한 유럽대왕검정반날개의 큰턱과 빠른 달리기 속도에 질겁할 수 있다. 매우 짧은 앞날개 밑에 접어 둔 날개를 펼쳐 비행할 수 있지만 대개는 기어 다닌다.

뛰어난 포식자인 유럽대왕검정반날개는 특히 달팽이와
민달팽이를 좋아한다. 하지만 땅에 사는 곤충이나
유충 또한 유럽대왕검정반날개의 큰턱과
빠른 달리기 속도에 질겁할 수 있다.

유럽대왕검정반날개는 짧은 날개를 가진 딱정벌레목에 속한다. 짧은 날개 덕에 집게벌레와 닮아 보이지만 몸통 뒤쪽에 집게가 없다. 프랑스에 살고 있는 1000여 종 중에는 아주 작은 몸집으로 활발하게 공중을 누비고 다니는 개체들도 있다. 유럽대왕검정반날개는 거의 공통적으로 호리호리한 체형이며 등에 짧은 앞날개를 달고 있다. 많은 수가 포식자이며 먹잇감을 찾기 위해 정원을 찾아온다.

땅에서 사는 유럽대왕검정반날개 유충은 육식성이며, 다리 6개 달린 애벌레처럼 생겼고, 신속하고 재빠른 데다 매우 활발히 움직인다. 비옥하고 공극이 풍부해 살기 적합한 흙의 틈새에서 자라며 날개 있는 성충으로 변태할 때까지 머문다. 유럽대왕검정반날개 성충은 자연적인 서식지가 부족한 경우, 낙엽이 쌓인 곳이나 땅에 놓인 널빤지와 기와 같은 은신처로 찾아든다.

유럽검정풍뎅이

Amphimallon solstitialis

6월 24일, 성요한축일에는 갉아 먹을 초록 잎사귀를 찾아 저녁에 전등 근처를 헤매며 날아다니는 이 곤충과 만날 가능성이 높다. 하지만 설령 전부 나뭇잎에 매달려 있더라도 색깔 때문에 전혀 알아보지 못할 수도 있다. 유럽검정풍뎅이 성충은 잎사귀를 많이 갉아 먹지 않지만, 땅에서 사는 유충은 훨씬 먹성이 좋아서 때때로 우리의 골치를 썩인다. 유충은 6개의 발이 달린 통통한 하얀색 애벌레로 2년 동안 땅속에 숨어 산다. 뿌리를 주식으로 삼는 유충은 느릿느릿 땅속을 돌아다니며 잔디나 관상식물, 식용 채소 또는 사람의 손길이 많이 닿지 않은 정원의 잡초 등 뿌리라면 가리지 않고 갉아 먹는다. 유럽검정풍뎅이 유충은 새와 포유류 등의 먹잇감이어서 수많은 포식자가 땅을 긁어 댄다. 이처럼 유럽검정풍뎅이는 유충과 성충 모두 다른 동물들에게 매력적인 존재다.

유럽검정풍뎅이 성충은 잎사귀를 많이 갉아 먹지 않지만,
땅에서 사는 유충은 훨씬 먹성이 좋아서 때때로
우리의 골치를 썩인다. 유충은 6개의 발이 달린
통통한 하얀색 애벌레로 2년 동안 땅속에 숨어 산다.

유럽검정풍뎅이는 규모가 큰 과에 속한 곤충으로, 일부는 아주 오래 전부터 인간과 함께 살아왔다. 커다란 유럽검정풍뎅이가 밭에 수없이 몰려 있으면 농부들이 겁을 먹곤 했는데, 이제는 그런 일이 줄었다. 경작 방식이 바뀌었기 때문이다.

뿐만 아니라 중간 크기의 유럽검정풍뎅이는 예전처럼 이곳저곳에서 쉽게 볼 수 없게 됐다. 개발이 상당히 진행되고, 쉼 없이 경작하며, 다양성이 떨어지고, 사람의 손이 닿지 않은 곳을 찾아볼 수 없는 환경에서는 더 이상 유럽검정풍뎅이가 온전한 삶을 살 수 없기 때문이다. 이제는 이 작고 털 많은 장난꾸러기 친구를 만나면 반갑기 그지없다!

교목과 관목의 잎, 과실수 꽃잎

올빼미, 박쥐, 새, 두더지, 뾰족뒤쥐

유럽알통다리하늘소붙이

Oedemera nobilis

이 곤충의 색깔, 수많은 꽃 위에 정기적으로 나타나는 존재감, 수컷의 불룩한 뒷다리를 마주하면 그 누구도 무관심하게 지나칠 수 없을 것이다. 수컷의 신체적 특징은 밝은 색 꽃 위에 있을 때 무척 돋보이는데, 밝은 배경에서 이 곤충의 실루엣이 더욱 뚜렷하게 두드러지기 때문이다. 그리고 햇빛이 비추면 수컷이든 암컷이든 금속성의 초록색 광택으로 반짝반짝 빛나며 황금빛을 발산하는 껍질이 눈길을 사로잡는다. 꿀을 모으는, 따라서 수분 활동을 하는 유럽알통다리하늘소붙이는 야생 당근, 산형화서 형태로 넓게 퍼지는 꽃을 가진 산형과 식물 등의 꽃가루를 찾아다닌다.

꿀을 모으는, 따라서 수분 활동을 하는 유럽알통다리하늘소붙이는
야생 당근, 산형화서 형태로 넓게 퍼지는 꽃을 가진
산형과 식물 등의 꽃가루를 찾아다닌다.

따라서 유럽알통다리하늘소붙이는 꽃에 사는 곤충으로 분류되며, 모두 주식인 꽃 위를 위풍당당하게 걸어 다닌다.

유럽알통다리하늘소붙이를 비롯해 수천 가지의 다른 종들이 꽃꿀과 꽃가루를 찾아다니며 수분 활동에 참여한다. 유럽알통다리하늘소붙이에게는 습성도 형태도 비슷하지만 색깔은 다양한 사촌 격 곤충들이 많다. 하늘소붙잇과에 속하는 모든 곤충의 유충은 성충과는 매우 다른 모습이며, 주로 죽은 식물 주변에서 관찰된다. 유럽알통다리하늘소붙이 유충은 정형화되지 않은 자연적인 정원에서 찾아볼 수 있다. 그곳에 엉겅퀴나 금작화 줄기가 죽은 채로 놓여 있으면 유충은 이러한 죽은 식물을 먹고 자라며 식물성 유기 잔재물이 땅으로 돌아갈 수 있도록 돕는다. 일단 날개 달린 성충으로 변태한 후에는 잡초와 작은 꽃이 피는 방향 식물을 먹이로 삼는다.

다시 한번 말하지만 유럽알통다리하늘소붙이를 초대하고 싶다면 지나치게 깔끔히 '청소'하지 않은 자연적인 정원이어야 한다. 그래야 시들고 죽은 식물들이 이 작은 친구들의 관심을 끌 수 있을 테니 말이다.

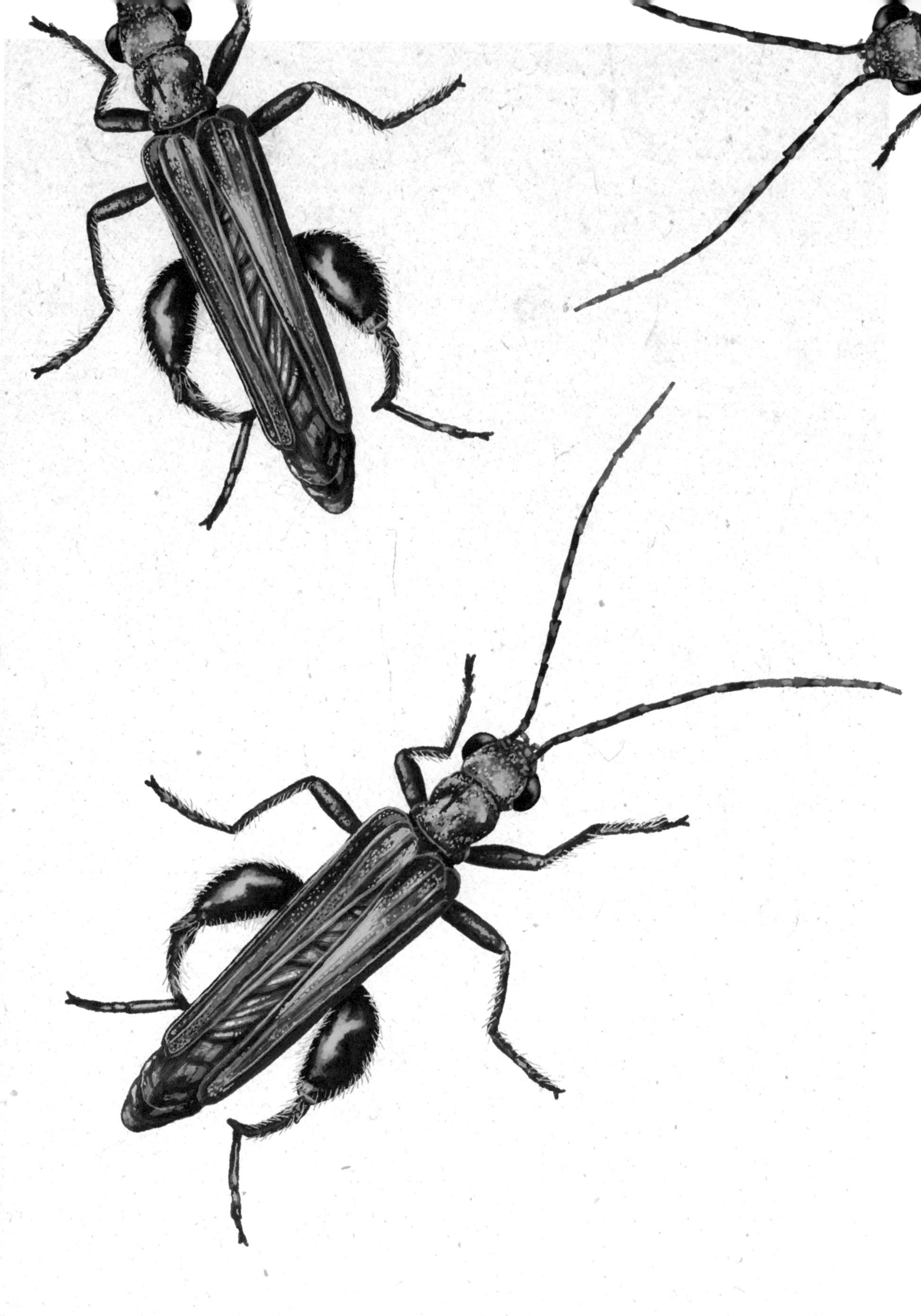

유럽알통다리하늘소붙이의 먹이는 무엇일까?

꽃, 꽃가루

유럽알통다리하늘소붙이의 천적은 무엇일까?

새, 사마귀, 땅벌류, 뾰족뒤쥐

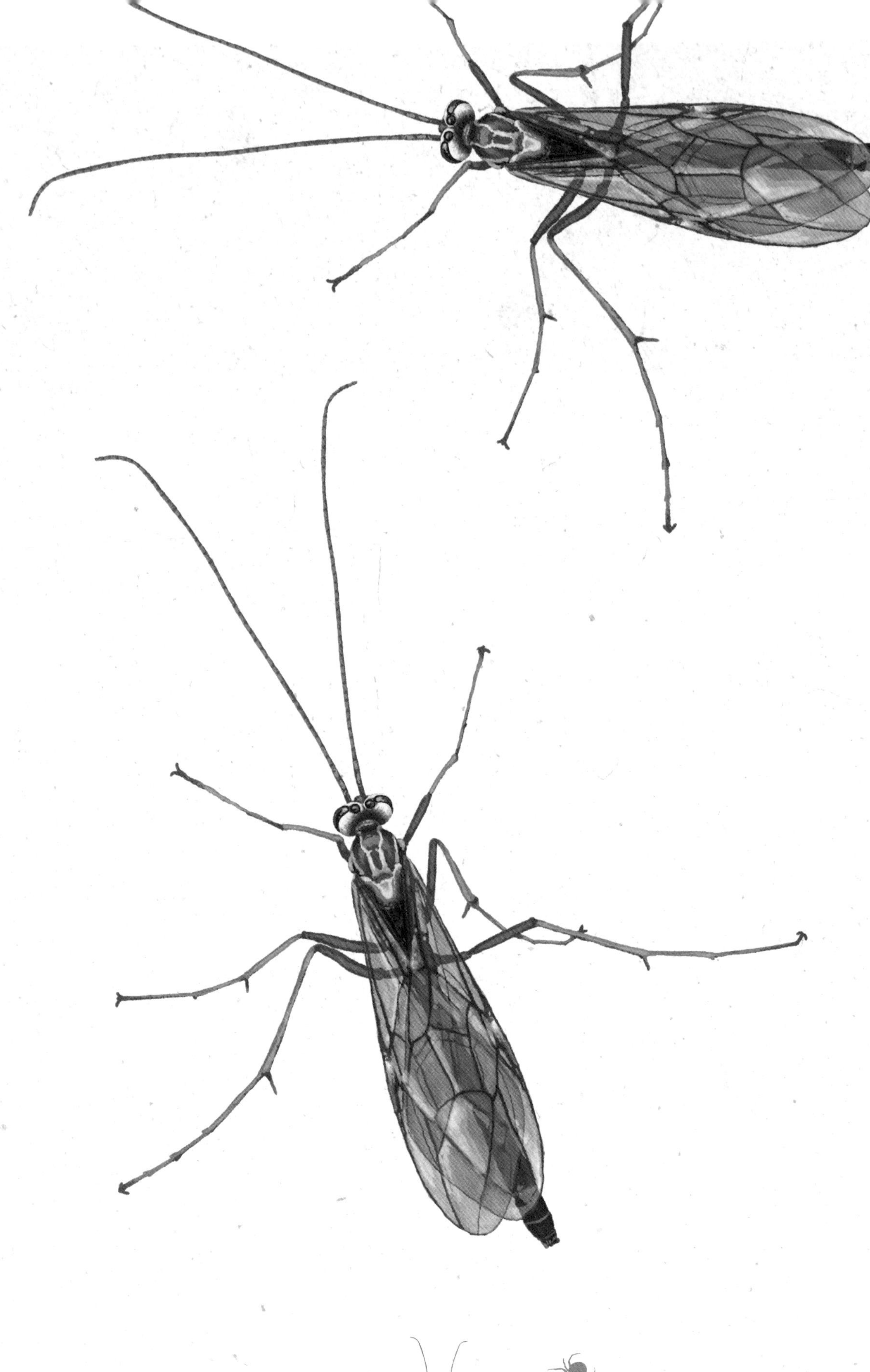

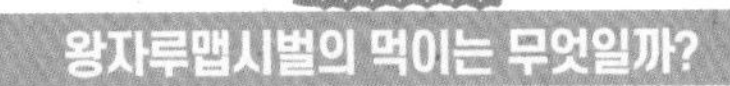

왕자루맵시벌의 먹이는 무엇일까?

애벌레

왕자루맵시벌의 천적은 무엇일까?

거미, 잠자리, 새(제비), 박쥐

왕자루맵시벌

Ophion luteus

넓은 의미에서 '벌'의 세계는 놀라울 만큼 넓고 다양하다. 유럽과 프랑스에서 전문가들이 벌이라고 지목하는 곤충들은 단순히 우리가 알고 있는 것처럼 노란색 바탕에 검은색 줄무늬만을 갖고 있지 않다. 프랑스 식탁에 자주 놀러 오는 벌은 보통 두 가지 종으로, 노란색과 검은색 줄무늬가 있으며 사회를 이루고 산다. 그러나 프랑스에는 다른 색깔과 형태를 가진 벌이 수천 종 살고 있으며, 이들은 사회성 곤충이 아니다. 이러한 특성을 가진 벌들을 '독립성 야생벌'이라고 부르는데, 왕자루맵시벌과 다른 벌들이 이에 속한다. 이 벌들은 공동의 보금자리를 만들지 않으며 대부분의 곤충들처럼 짝짓기를 하고, 알을 낳고, 홀로 빠르게 죽는다.

밤에 더 활발한 왕자루맵시벌 성충은
꽃에서 꿀을 얻고 냄새에 특히 민감한 긴 더듬이로
애벌레를 찾아낸다.

왕자루맵시벌의 습성은 꽤나 독특하다. 유충은 나방 애벌레에 기생한다. 짝짓기를 마친 왕자루맵시벌 암컷은 오직 어느 정도 자란 나방 애벌레를 찾은 다음, 뾰족하고 작은 산란관으로 애벌레의 안에 알을 낳는다. 왕자루맵시벌의 유충은 안에서부터 애벌레를 갉아 먹고 자라며, 애벌레는 결국 죽는다. 이러한 기생 행태는 맵시벌이라고 불리는 거대한 벌 종에게서 일반적으로 나타난다. 밤에 더 활발한 왕자루맵시벌 성충은 꽃에서 꿀을 얻고 냄새에 특히 민감한 긴 더듬이로 애벌레를 찾아낸다.

생물 다양성이 풍부한 정원이라면 애벌레가 득실득실하고 수분할 꽃이 한가득인 정원사가 아주 환영할 만한 곤충이다.

사치청벌의 먹이는 무엇일까?

꽃꿀(산형과 식물), 유충(꿀벌류, 땅벌류)

사치청벌의 천적은 무엇일까?

거미, 새, 개구리

사치청벌

Chrysis ignita

이번에 소개할 사치청벌은 우리를 둘러싸고 있는 모든 곤충 중 아마 가장 '독특한' 모습을 하고 있을 것이다. 머리끝부터 발끝까지 이렇게 많은 금속성 색깔로 장식된 곤충을 보기 위해 멀리 여행을 갈 필요는 없다. 이 곤충은 바로 가까이에, 심지어는 집 벽에 붙어 있을 수도 있다. 하지만 거의 대부분은 이 곤충을 알아차리지 못한다. 이 곤충의 습성을 한마디로 정의하자면 '이목을 끌지 않는 것'이다. 단독 생활을 하는 이 작은 벌은 실제로 사촌 격인 다른 땅벌류와 꿀벌에 기생해 산다. 사치청벌은 벌집 가까이에 자리를 잡고 있다가 기회를 노려 내부로 들어가 알을 낳는다. 꿀벌류나 땅벌류(115, 125쪽 참조)가 유충의 방을 닫기 바로 직전에 말이다.

꿀벌이나 독립성 땅벌류를 위해 벌통을 설치한 사람이라면
벌집 입구 가까이에 있는 사치청벌을 알아차릴 수 있을 것이다.
이 작고 알록달록한 곤충은 정원에 활기를 불어넣을 뿐 아니라
벌목 사촌들을 조금 조절해 줄 것이다.

주인이 꿀을 모으러 자리를 비운 사이에 사치청벌은 조용히 내부로 숨어 들어간다. 꿀벌이나 땅벌류가 돌아와 사치청벌과 마주치면 공격을 개시할 수도 있는데, 이럴 때 사치청벌은 껍질의 특이한 형태와 두께 덕분에 벌침 공격으로부터 스스로를 보호하고 필요하다면 몸을 공처럼 완전히 말아 공격을 막는다. 이들은 복부 앞쪽이 움푹하게 들어가 거의 몸 전체를 감쌀 수 있다.

알을 깨고 나온 사치청벌 유충은 꿀벌이나 땅벌류 유충에 가까이 붙어서 아주 천천히 그들의 몸에서 분비된 체액을 빨아 먹으며 산다. 꿀벌이나 땅벌류 유충이 성장을 마치고 고치를 만들면 사치청벌 유충은 그 안에 들어가 본격적으로 그들을 공격하고 잡아먹는다. 사치청벌 유충은 그 고치 속에서 성충으로 변태해 다음 해가 되어서야 벌집에서 나온다.

꿀벌이나 독립성 땅벌류를 위해 벌통을 설치한 사람이라면 벌집 입구 가까이에 있는 사치청벌을 알아차릴 수 있을 것이다. 이 작고 알록달록한 곤충은 정원에 활기를 불어넣을 뿐 아니라 벌목 사촌들을 조금 조절해 줄 것이다.

유럽뿔가위벌

Osmia cornuta

무리를 짓지 않는 야생 꿀벌(또는 땅벌)을 위해 정원에 벌통을 설치해 본 사람이라면 유럽뿔가위벌을 본 적이 있을 것이다. 유럽뿔가위벌은 심지어 도심 한가운데에서도 만날 수 있을 만큼 도처에서 쉽게 관찰할 수 있는 야생 꿀벌이다. 때로는 벌통이 너무 유럽뿔가위벌 맞춤형으로 제작된 것은 아닌가 하는 생각이 들 정도로, 이들은 겨울 끝자락인 2월 말이나 3월 초부터 즉시 벌통에 자리를 잡는다. 정원에 벌통을 설치하면 대나무 또는 구멍 뚫린 장작 묶음 근처에서 감탄스러울 정도로 활발히 움직이는 이들의 모습을 관찰할 수 있다.

유럽뿔가위벌은 무리를 이루지 않고 꿀을 만들지 않아도,
꿀벌보다 훨씬 효과적인 수분 활동을 한다.
여름까지 계절에 따라 모습을 드러내는 다양한 종을 위해 아마추어
또는 전문가 방식으로 인공 둥지를 설치해야 할 이유다.

붉은꼬리뒤영벌(119쪽 참조)과 비슷한 유럽뿔가위벌은 일반적인 꿀벌과는 닮지 않았다. 게다가 야생 꿀벌은 프랑스에만 1000여 종이 서식하고 있는 만큼 그 수가 헤아릴 수 없을 정도로 많다. 때문에 서로 다른 십여 종이 한꺼번에 정원을 찾아와 꿀을 모으거나 벌집을 만들기도 한다. 야생 꿀벌은 대다수가 땅에 집을 만들며 나머지는 구멍이나 죽은 식물, 심지어는 비어 있는 달팽이 집에 자리를 잡는다. 유럽뿔가위벌은 나무를 파먹는 곤충이 남기고 간 나무 구멍을 선호해, 그곳에 여러 방을 설치해 각 방에 유충을 집어넣는다. 이들은 알을 낳고 방을 밀폐하기 전에 꽃꿀과 꽃가루(꽃가루 뭉치)를 어느 정도 집어 넣어 유충이 성충으로 변태하기까지 충분히 먹이를 섭취할 수 있도록 한다. 유럽뿔가위벌 유충이 든 각각의 방은 흙으로 된 칸막이로 막혀 있어 오직 성충만이 큰턱으로 뚫고 밖으로 나올 수 있다. 이 때문에 유럽뿔가위벌은 석공 꿀벌이라고도 불린다.

유럽뿔가위벌은 무리를 이루지 않고 꿀을 만들지 않아도, 꿀벌보다 훨씬 효과적인 수분 활동을 한다. 방식이 조금 어설프든 전문적이든 상관없이 여름까지 계절에 따라 등장하는 수많은 꿀벌 종을 만나기 위해 벌통을 설치해야만 하는 이유다.

유럽뿔가위벌의 먹이는 무엇일까?

장미과·십자화과·버드나뭇과·콩과 식물의 꽃가루, 유채꽃·자두나무·배나무·버드나무·토끼풀·지치류의 꽃꿀

유럽뿔가위벌의 천적은 무엇일까?

벌잡이새, 제비, 박새, 청딱따구리, 도마뱀, 말벌류, 땅벌류

장미나무가위벌의 먹이는 무엇일까?

장미나무가위벌의 천적은 무엇일까?

꽃가루, 꽃꿀

벌잡이새, 제비, 박새, 청딱따구리,
도마뱀, 말벌류, 땅벌류

장미나무가위벌

Megachile centuncularis

독립성 야생벌인 장미나무가위벌의 암컷은 마치 작은 시가를 만들 듯이 신선한 나뭇잎으로 만든 원통형 방에 유충들을 각각 입주시킨다. 이 작은 방들은 햇빛이 들어오는 방향으로 여기저기 뚫려 있는 구멍마다 하나씩 배치된다. 죽은 나무를 먹는 곤충이 뚫어 둔 좁은 구멍이라면 안성맞춤이고 우리가 정원에 놔둔 벌통이나 구멍 난 나뭇조각, 끝이 막힌 대나무 줄기 등도 적당하다. 일부 장미나무가위벌은 식물 줄기 안에 자리 잡기를 선호해 블랙베리 등의 수액을 추출하고 그 안에 들어가 살기도 한다.

장미나무가위벌은 정원에서 자라는 야생화나
채소 또는 향료 식물의 꽃에 꿀을 모으러 찾아오는
대표적인 야생 꿀벌이다.

장미나무가위벌의 작은 방 만들기는 턱으로 나뭇잎을 자르면서 시작된다. 이런 이유로 우리는 측면 부분이 넓고 깔끔하게 오려진 장미 잎을 발견하곤 한다. 각각의 잎 조각을 짜 맞춰 방을 만들고 나면 유충의 성장에 필요한 먹이와 함께 알을 넣고 출입구를 막는다. 암컷 장미나무가위벌은 꽃가루가 가득 묻은 배 쪽 털에서 떨어져 나온 많은 양의 꽃가루를 집어넣고 자신의 꿀 위장에 넣어 둔 꽃꿀을 게워 내는데, 이렇게 해서 얻어진 꽃가루 반죽은 각 유충이 성충으로 변태할 때까지 먹이 역할을 한다.

장미나무가위벌은 정원에서 자라는 야생화나 채소 또는 향료 식물의 꽃에 꿀을 모으러 찾아오는 대표적인 야생 꿀벌이다. 장미나무가위벌은 뒤영벌, 양봉꿀벌과 마찬가지로 꿀벌과에 속한다. 약 1000여 종 이상이 프랑스에 살고 있으며, 매우 효과적으로 수분 활동을 하면서 모든 정원에 잘 적응해 살아간다.

잿빛애꽃벌

Andrena cinerea

이번에 소개할 벌도 독립성 야생종으로, 꿀을 만들지도 않고 사회도 이루지 않지만 수분하는 능력이 아주 뛰어나다. 프랑스에는 약 1000여 종 이상의 벌이 사는데 그 중 대다수가 땅에 보금자리를 만든다. 다양한 크기를 가진 수많은 종이 속한 애꽃벌속 곤충들 또한 이러한 습성을 가지고 있어 '모래꿀벌'이라고도 불린다. 이중 잿빛애꽃벌은 크기가 가장 큰 종에 속하기 때문에 보금자리를 발견하면 그 모습이 눈에 확 띈다. 일반적으로는 밀폐되어 있지 않고 모래가 깔려 있으며, 햇볕에 잘 노출된 숲 가장자리에 자리를 잡는다.

잿빛애꽃벌은 수직으로 약 25센티미터의 구멍을 파내는데, 그 깊숙한 끝에서 좁은 길이 여러 갈래로 나뉘어 약 10개의 독립적인 방을 만들어 낸다. 이들은 각 방에 꽃가루 반죽(꽃꿀과 꽃가루 혼합물, 109쪽 참조)을 일정량 넣고, 알을 그 위에 낳은 후 출입구를 봉쇄한다.

수분 활동을 하는 다른 많은 곤충들과 같이, 잿빛애꽃벌도 정원의 꽃들을 방문하고 땅과 하늘에서 생활하며 정원에 활기를 더해 준다.

잿빛애꽃벌은 조용히 홀로 움직이기 때문에 호기심이 많은 사람이 아니라면 존재를 눈치채기 어렵다. 일부 잿빛애꽃벌이 완벽한 장소를 찾아 작은 마을을 형성하지 않는 한 말이다. 암컷들은 때때로 많은 수가 같은 구역에 보금자리를 만들기도 하지만, 각자가 자신만의 길을 파서 서로 부딪치지 않는다. 다른 애꽃벌속 곤충들의 경우 정원에 '벌통'이 생긴 게 아닌가 싶을 정도로 굉장한 군락을 만들어 내지만, 각각 독립적이며 결코 오래 유지되지 않는다. 짝짓기 후 성충 암컷이 생존하는 기간은 단 몇 주뿐이기 때문이다. 벌집은 암컷이 죽기 바로 직전에 폐쇄되고 그 후손들은 다음 해에나 그곳에서 나온다. 수분 활동을 하는 다른 많은 곤충들과 같이, 잿빛애꽃벌도 정원의 꽃들을 방문하고 땅과 하늘에서 생활하며 정원에 활기를 더해 준다.

잿빛애꽃벌의 먹이는 무엇일까?

꽃가루(민들레), 꽃꿀

잿빛애꽃벌의 천적은 무엇일까?

벌잡이새, 제비, 박새, 청딱따구리, 도마뱀, 말벌류, 땅벌류

담쟁이어리꿀벌의 먹이는 무엇일까?
꽃가루, 꽃꿀(담쟁이)
담쟁이어리꿀벌의 천적은 무엇일까?
벌잡이새, 제비, 박새, 청딱따구리,
도마뱀, 말벌류, 땅벌류

담쟁이어리꿀벌

Colletes hederae

곤충, 그중에서도 야생 꿀벌을 좋아하고 관찰하는 것이 취미인 사람들에게 담쟁이어리꿀벌은 매우 유명하다. 담쟁이어리꿀벌은 대부분의 벌들처럼 단독 생활을 하는 야생 꿀벌로, 무리를 이뤄 살지도 않고 꿀을 만들지도 않는다. 아직 겨울에 오기 전이라면 어렵지 않게 담쟁이어리꿀벌을 만날 수 있다. 9월부터 늦게는 10월까지 담쟁이덩굴 꽃을 관찰하거나 특유의 줄무늬를 확인하기만 하면 된다. 이들이 늦여름에 성충으로 변태하는 시기는 담쟁이덩굴의 개화 시기와 들어맞는다. 담쟁이어리꿀벌은 거의 담쟁이덩굴 꽃에서만 꿀을 모은다. 이처럼 곤충들은 진화 과정에서 한 종류의 식물과 특별한 관계를 맺어 현재까지 공생하며 사는 경우가 많다. 담쟁이어리꿀벌은 담쟁이덩굴의 꽃꿀과 꽃가루를 모아 유충을 위한 꽃가루 반죽(109쪽 참조)을 만든다.

> 담쟁이어리꿀벌은 겨울이 오기 전에 활발한
> 움직임으로 눈에 띄는 마지막 곤충 중 하나다.
> 운이 좋다면 다리 털에 꽃가루를 가득 묻히고
> 가는 담쟁이어리꿀벌을 볼 수도 있다.

암컷이 파 놓은 땅굴의 중심 이쪽저쪽에 위치한 작은 방들에는 유충과 유충의 먹이가 들어 있다. 유충은 자신만의 방에서 여름 끝자락에 변태할 때까지 숨어 살다가, 이후 삶의 주기를 시작한다.

담쟁이어리꿀벌은 겨울이 오기 전에 활발한 움직임으로 눈에 띄는 마지막 곤충 중 하나다. 운이 좋다면 다리털에 꽃가루를 가득 묻히고 가는 담쟁이어리꿀벌을 볼 수도 있다. 양봉꿀벌(115쪽 참조)의 꽃가루 통, 유럽뿔가위벌의 복부 털(106쪽 참조)과는 다르게 담쟁이어리꿀벌은 꽃가루를 모을 때 뒷다리의 대부분을 사용한다. 담쟁이어리꿀벌은 담쟁이덩굴 꽃을 부지런히 오가며 담쟁이덩굴의 수분을 주로 책임지고 있다.

양봉꿀벌의 먹이는 무엇일까?

꽃가루, 로열젤리, 꽃꿀

양봉꿀벌의 천적은 무엇일까?

벌잡이새, 제비, 박새, 청딱따구리, 도마뱀,
말벌류, 땅벌류, 뾰족뒤쥐, 맹금류, 응애, 나방

양봉꿀벌

Apis mellifera

양봉꿀벌의 거대한 사회는 아주 오래 전부터 우리를 놀라게 했다. 무려 3만 개체 또는 그 이상이 함께 살아가기 때문이다. 만약 이 곤충을 정원에서 봤다면, 양봉업자가 멀지 않은 곳에 있을 확률이 높다. 양봉꿀벌은 인간이 꿀을 얻기 위해 전문적인 지식이 있든 그렇지 않든 간에 이곳저곳에 정착시켜 사육하는 곤충이다. 그러므로 양봉꿀벌이 존재한다면 인간이 인위적으로 정착시킨 경우가 대부분이다. 정원에 다양한 곤충을 불러들이기 위해서 벌통을 설치하는 것은 그다지 좋은 생각이 아닐 수도 있다. 막대한 수의 양봉꿀벌들이 장소에 따라 수백, 수천 종의 수분 매개 곤충들을 방해할 수 있기 때문이다. 파리, 말벌류, 땅벌류, 나비, 노린재, 풍뎅이 그리고 벌까지 실제로 꽃 위에서 활동하는 모든 곤충은 수분 활동을 한다. 대부분의 벌은 독립성이어서 군집으로 생활하지 않는다. 이들은 길들여지지 않고, 눈에 띄지 않으며, 성충으로서의 삶이 짧은 편인 데다 대개 1년에 한 세대만 낳는다.

양봉꿀벌은 꽃꿀과 꽃가루를 모으기 위해 꽃을 찾는다.
꽃꿀은 주로 꿀을 만드는 데 사용되고 일벌의
입에서 입으로 전해진다.

만약 수분을 촉진시키는 것이 목적이라면, 양봉꿀벌은 한 군집이 정기적으로 일꾼을 만들어 낸다는 큰 장점을 가진다. 양봉꿀벌의 생애는 4주를 넘기는 경우가 드물지만, 1년에 한 세대의 자손만 생산하는 다른 벌들과 달리 새로운 생명이 끊임없이 탄생한다. 수분 매개 곤충의 종류가 충분히 다양하다면 1년 내내 계절에 따라 여러 곤충들이 찾아올 것이다.

꽃꿀은 날씨가 허락하지 않아 밖에 나가지 못하는 날 그들의 양식이 되어 준다. 너무 춥거나 더운 날, 또는 겨울 내내 말이다. 꽃가루는 뒷다리의 꽃가루 통에 수집되어 유충들의 먹이로 쓰인다.

여왕벌은 군집에서 유일하게 알을 낳는 존재이며, 알에서 나오자마자 로열젤리만 먹으며 자란다. 로열젤리란 일벌들이 분비하는 물질로 4주간이 아니라 수년을 살 수 있도록 해 준다.

서양뒤영벌

Bombus terrestris

매우 특수한 전문 교육을 받은 사람만이 정확하게 뒤영벌을 포함한 100여 종의 프랑스 야생벌을 구분할 수 있다. 뒤영벌은 야생 꿀벌로, 엉덩이가 하얗고 노란색과 검은색 줄무늬가 있으면 대체로 서양뒤영벌이다. 서양뒤영벌은 까다롭지 않고 아무 환경에나 잘 적응한다. 심지어 도심 중심에 있는 정원에서도 말이다. 겨울이 끝나갈 때쯤 가장 먼저 만날 수 있는 곤충 중 하나로, 거대한 여왕벌들은 이 시기에 땅 가까이를 천천히 날면서 다음 군집을 세울 이상적인 위치를 꼼꼼히 살피며 장소를 물색한다.

서양뒤영벌은 또한 인공적으로 만든 작은 상자에서
군집으로 자라기도 한다.

일반적으로 서양뒤영벌은 작은 포유류가 버리고 떠난 땅굴 속에 군집을 형성하는데, 때에 따라서는 침 공격으로 작은 동물을 몰아내기도 한다. 각 암컷이 은신처에 숨어 6개월간 겨울나기를 한 후에 자신의 군집을 홀로 만들기 시작할 때가 2월에서 3월인데, 일단 장소를 찾으면 밀랍으로 거대한 방들을 만들고 그곳에 꽃가루를 채운 다음 여러 개의 알(약 5~15개)을 낳는다. 알에서 깨어난 어린 유충들은 제공된 먹이를 먹고 성장한다. 유충은 약 3주 후에 일벌로 변태해 그때까지 여왕벌이 홀로 하던 일들을 이어받고, 여왕벌은 벌집에 머물면서 알을 낳으며 자신이 낳은 벌들이 가져다주는 먹이를 먹는다.

서양뒤영벌의 군집에는 최대 약 500개체가 함께 산다. 여름에는 수컷 벌들과 새로운 여왕벌들이 태어나 짝짓기를 한다. 이제 군집이 쇠퇴의 내리막길에 접어들었다는 의미다. 오직 수정된 알을 가진 암컷 벌만이 살아남아 이곳저곳에 숨어 있다가 이후에 다음 봄이 오면 자신의 새로운 군집을 만들기 시작한다.

서양뒤영벌은 인공적으로 만든 작은 상자에서 집단 사육되기도 한다. 이후 이 상자는 토마토 같은 작물을 키우는 온실로 옮겨지는데, 이런 곳은 일반적으로 밀폐되어 있어 다른 야생벌들은 들어갈 수 없다.

서양뒤영벌의 먹이는 무엇일까?

꽃꿀, 꽃가루

서양뒤영벌의 천적은 무엇일까?

담비, 오소리, 꿀벌을 잡아먹는 큰매,
식충성 새, 거미

붉은꼬리뒤영벌의 먹이는 무엇일까?

꽃꿀, 꽃가루

붉은꼬리뒤영벌의 천적은 무엇일까?

담비, 오소리, 벌매, 식충성 새, 거미

붉은꼬리뒤영벌

Bombus lapidarius

붉은꼬리뒤영벌은 단체 생활을 하지 않는 유럽뻐꾸기뒤영벌(106쪽 참조)과 사촌 격으로, 색깔과 무늬가 닮았다. 놀랄 일은 아니다. 왜냐하면 뒤영벌도 야생 꿀벌이기 때문이다. 훨씬 규모가 작긴 해도 양봉꿀벌처럼 군집을 이루며 살아가지만, 꿀을 모으지 않아 인간이 양봉에 이용하지 못한다. 약 300개체로 이뤄지는 붉은꼬리뒤영벌의 군집에는 여왕벌과 일벌들이 속해 있으며, 수컷은 여름에 알을 배야 하는 새로운 여왕벌이 탄생할 때가 되어서야 나타난다.

새로운 여왕벌은 군집 전체에서 유일하게 살아남는 개체로 여왕벌이 태어난 군집은 가을이 되기 전에 몰락한다. 여왕벌은 홀로 은신처에서 겨울을 나고 밖으로 나와 새로운 군집을 만든다. 붉은꼬리뒤영벌은 서양뒤영벌(116쪽 참조)보다 약간 늦게, 4월부터 크기가 가장 작은 유럽초원뒤영벌(120쪽 참조)과 같은 시기에 나타난다.

붉은꼬리뒤영벌은 '혀'가 아주 짧다.
그래서 사촌 격인 다른 뒤영벌, 예를 들어 유럽초원뒤영벌보다
깊숙한 데서 꽃꿀을 모으거나 수분 활동을 하지 못한다.

붉은꼬리뒤영벌은 커다란 뒤영벌로 서양뒤영벌과 몸집이 거의 비슷하다. 때문에 붉은꼬리뒤영벌의 거대한 여왕벌은 매우 쉽게 알아볼 수 있다. 여왕벌은 겨울나기를 끝마치고 나와 꽃꿀을 모으고 자신의 벌집을 만들 장소를 물색하며 조심스럽게 날아다닌다. 땅속의 구멍이나 정원의 새집에 자리를 잡기도 하며 후손, 즉 일벌을 낳을 때까지 홀로 그 장소를 차지한다. 일벌들이 태어나면 밖에서 먹이를 모아 날라다 주기 때문에 여왕벌은 움직이지 않고 보금자리에서 알을 낳을 수 있다. 수컷은 새로운 여왕벌을 수정시킬 때가 되어서야 뒤늦게 태어난다.

붉은꼬리뒤영벌은 '혀'가 아주 짧은 탓에 유럽초원뒤영벌처럼 더 긴 혀를 가진 다른 사촌 격 뒤영벌들보다 깊숙한 데서 꽃꿀을 모으거나 수분 활동을 하지 못한다.

유럽초원뒤영벌

Bombus pascuorum

이 책에서 소개된 다른 뒤영벌(116, 119쪽 참조)보다 조금 더 몸집이 작은 유럽초원뒤영벌은 사회성 벌로 주황빛 노란색을 띠며 4월부터 꽃이 많은, 특히 야생화가 다양한 정원에 나타나는 반가운 존재다. 젊은 여왕벌은 군집을 이룰 장소를 홀로 찾는데, 주로 죽은 나무 아래 작은 들쥐 구멍이나 무성한 잡초 사이 수풀 가운데에 자리를 잡는다. 그래서 오직 사람의 손길이 많이 닿지 않은 정원만이 여왕벌들의 선택을 받는다. 유럽초원뒤영벌은 '혀'가 아주 긴 덕분에 화관이 꽤나 깊은 꽃도 수분시킬 수 있다. 연초에는 여왕벌이 홀로 꽃꿀을 모으는데, 자손들이 아직 어려 날지 못하는 이상 여왕벌이 밖으로 나가 일을 할 수밖에 없기 때문이다. 이후 첫 유충들이 일벌로 변태하고 나면 여왕벌은 군집의 수명이 다할 때까지 벌집을 떠나지 않는다.

유럽초원뒤영벌은 '혀'가 아주 긴 덕분에
화관이 꽤나 깊은 꽃도 수분시킬 수 있다.

유럽초원뒤영벌 군집의 생명 주기는 사촌 격인 독일땅벌(125쪽 참조)과 비슷하다. 겨울이 오기 전에 살아남아 있는 개체는 오직 암컷(여왕벌)뿐으로 추위를 피해 숨어 있다가 봄이 되면 밖으로 나와 자신만의 군집을 세운다. 여름에는 나이 많은 여왕벌들이 죽고 새로운 여왕벌들이 나타나며, 이와 같은 일이 반복된다. 군집 중심부에는 잘 숨은 유럽초원뒤영벌들이 밀랍으로 칸막이와 방을 만들어 그 안을 꽃가루, 꿀, 알, 유충으로 채운다. 유럽초원뒤영벌의 군집은 양봉꿀벌의 군집보다 외관상 조금 더 엉성해 보이지만, 유충이 들어 있는 방들이 한데 몰려 있고 다소 동그랗다는 점에서 비슷하다고 할 수 있다.

유럽초원뒤영벌 군집은 활동량이 최고조에 달하는 여름에도 결코 150개체를 넘지 않는다. 어떤 뒤영벌이든 이 군집은 공격적이지 않다. 하지만 벌인 만큼 암컷이 독침을 갖고 있어서 만약 우리가 암컷 벌을 붙잡는다면 스스로를 보호하기 위해 독침을 사용할 수도 있다. 그러나 인간을 크게 경계하지 않아 우리는 가까이서 유럽초원뒤영벌을 관찰하며 그들의 멋진 털을 살펴볼 수 있다. 이 털 덕분에 뒤영벌들은 높은 고도의 산에서도 군집을 이룰 수 있다.

유럽초원뒤영벌의 먹이는 무엇일까?
꽃꿀, 꿀, 꽃가루
유럽초원뒤영벌의 천적은 무엇일까?
담비, 오소리, 벌매, 식충성 새, 거미

보라어리호박벌

Xylocopa violacea

이번에 소개할 벌은 유럽에서 가장 큰 벌로, 햇빛이 반사되면 검은색 몸이 파란색과 보라색 광택을 띤다. 보라어리호박벌은 독립성이지만 집을 지을 나무에 여러 암컷이 각각 구멍을 파도 될 만큼 공간이 충분하다면 무리 생활을 하기도 한다. 보라어리호박벌에게는 잘 말라 꽤 부드러워진 죽은 나무를 확보하는 일이 정말 중요하다. 보라어리호박벌은 턱으로 나무에 좁고 긴 구멍을 파서 유충들이 생활할 장소를 마련한 다음, 그 안에 톱밥과 타액을 섞어 만든 칸막이로 공간을 나눠 유충들이 자랄 방을 만든다. 꽃가루 반죽(꽃가루와 꽃꿀 혼합물)을 충분히 모아 그 위에 알을 낳으면 유충은 이 먹이를 먹고 자라 여름이 끝나갈 때쯤 성충으로 변태한다.

보라어리호박벌을 정원에 불러들이는 방법은 아주 간단하다.
죽은 나무를 무더기로 놔둔 채 건드리지 않고
꿀이 많은 꽃을 심는 것이다.

성충이 된 보라어리호박벌은 정원의 꽃들을 방문하여 수분 활동을 도운 다음 겨울을 날 수 있을 만한 거처를 찾아나선다. 다음 봄에는 등나무와 꽃꿀이 풍부한 야생화 및 화훼에서 마음껏 꿀을 모은 후에 짝짓기를 하고, 벌집을 만들고, 알을 낳는다. 자신의 영역을 지키기 위해 항상 만반의 준비를 하고 있는 이 커다란 벌은, 바로 이 시기에 주변을 살피기 위해 윙윙거리며 우리에게 접근하다가 종종 눈에 띈다. 하지만 우리는 경쟁 상대가 아니기 때문에 보라어리호박벌은 주의 깊게 탐색할지언정, 그 이상으로는 성가시게 굴지 않고 자리를 뜬다.

보라어리호박벌은 공격적이지 않다. 다른 벌들과 마찬가지로 독침이 있지만 양봉꿀벌과는 다르게 무리 지어 살지 않기 때문에 벌집을 방어하지 않는다. 그 어떤 보라어리호박벌도 굳이 우리의 신경을 거스르려 하지 않는다. 홀로 돌봐야 하는 유충을 위해 자신의 목숨을 소중히 여기는 것이다. 보라어리호박벌을 정원에 불러들이는 방법은 아주 간단하다. 죽은 나무를 무더기로 놔둔 채 건드리지 않고 꿀이 많은 꽃을 심는 것이다.

보라어리호박벌의 먹이는 무엇일까?

꽃가루(과실수, 채소, 초원의 야생화), 꽃꿀

보라어리호박벌의 천적은 무엇일까?

담비, 오소리, 벌매, 식충성 새, 거미

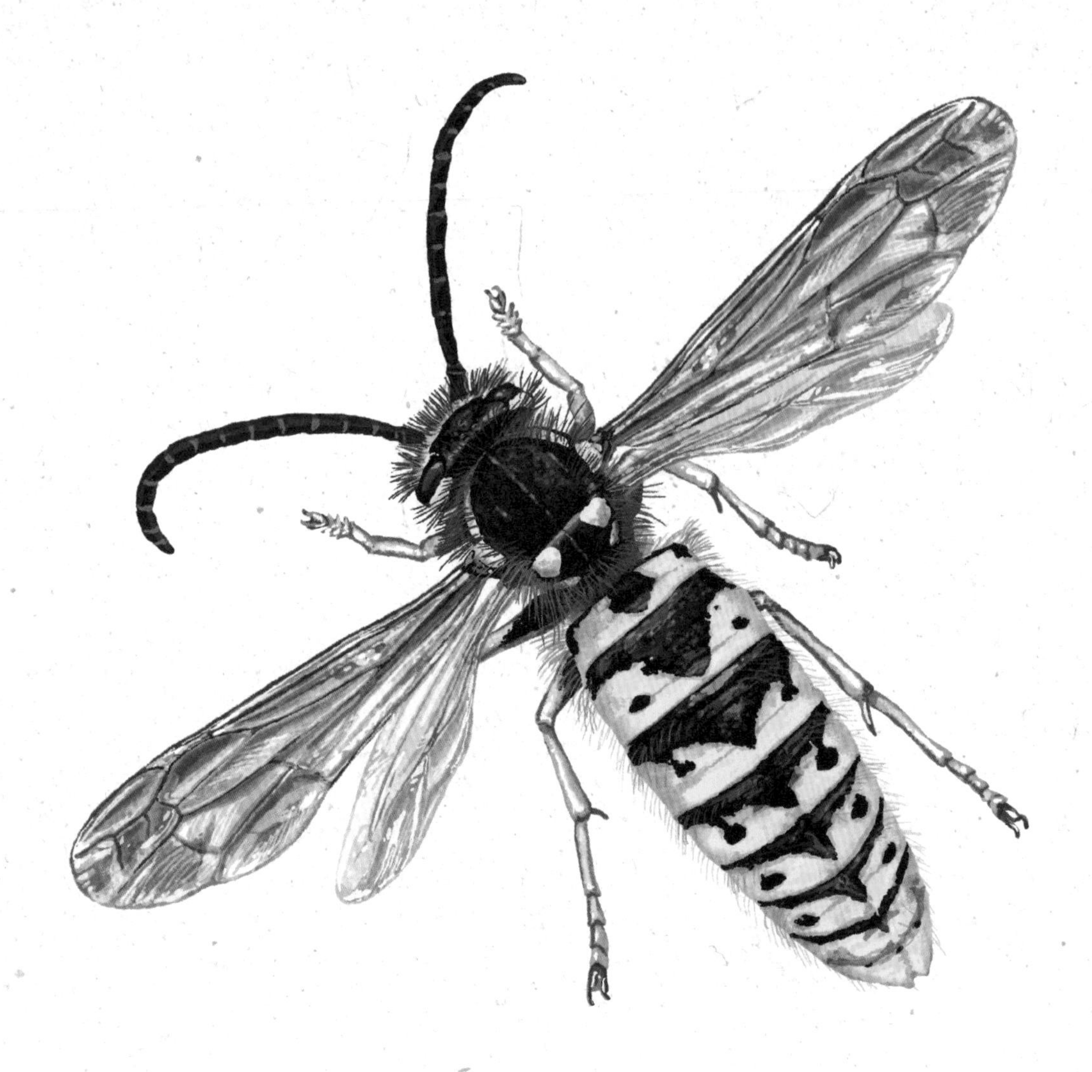

독일땅벌의 먹이는 무엇일까?

파리, 나비, 딱정벌레목, 유충, 나방 애벌레

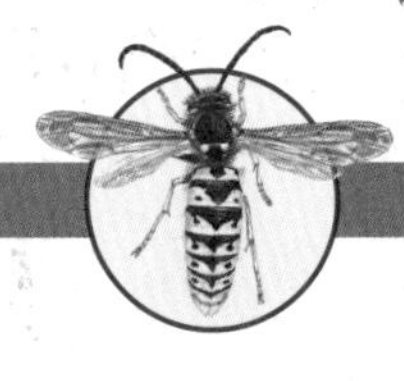

독일땅벌의 천적은 무엇일까?

벌매, 주행성 맹금류(말똥가리),
오소리, 유럽벌잡이새, 땅벌류

독일땅벌

Vespula germanica

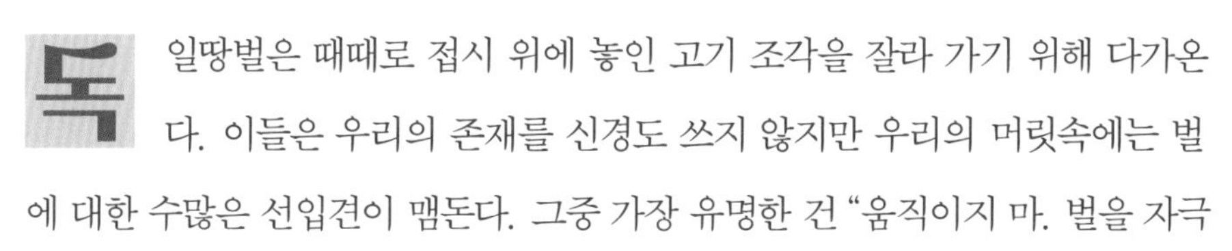

독일땅벌은 때때로 접시 위에 놓인 고기 조각을 잘라 가기 위해 다가온다. 이들은 우리의 존재를 신경도 쓰지 않지만 우리의 머릿속에는 벌에 대한 수많은 선입견이 맴돈다. 그중 가장 유명한 건 "움직이지 마. 벌을 자극할지도 몰라!"이다. 하지만 잘못된 생각이다. 땅벌은 벌집에서 자신을 기다리고 있는 자매들의 배를 채울 먹이를 원할 뿐이다. 이때는 벌집 수호가 목적이 아니므로 땅벌은 우리의 존재를 개의치 않으며, 잡으려고 들지만 않으면 가까이에서 날아다니더라도 공격적이지 않다.

사람들은 아주 단순하게 땅벌이 다른 곤충이나 죽이고 다니며 수분 활동에는 태만한 곤충이라고 생각한다. 사실 땅벌은 우리 식탁을 찾지 않을 때에는 수많은 곤충을 사냥하고, 잘게 다져 반죽으로 만들고, 나머지 시간에는 자신의 식사를 해결하기 위해 꽃부리가 얕고 꿀벌이 다녀가지 않은 꽃을 찾아간다. 매우 짧은 '혀'를 가지고 있기 때문이다. 하지만 땅벌이 당근 꽃이나 회향 꽃을 수분시킨다는 사실을 아는 사람이 얼마나 될까? 그리고 몇 주간의 짧은 생 동안 수천 마리의 곤충을 죽인다는 사실 또한 누가 알까?

땅벌은 우리 식탁을 찾지 않을 때에는
수많은 곤충을 사냥하고, 잘게 다져 반죽으로 만든다.

땅벌집을 발견하면 보통 두려워하거나 부수고 싶은 마음이 들 수 있다. 하지만 기억해 두자. 땅벌집에서 5미터 이상 떨어진 곳이라면 땅벌은 99퍼센트 이상 우리를 무시할 것이다. 땅벌집이 사정거리 밖이라면 주위에 땅벌이 있어도 걱정하지 않아도 된다. 요즘에는 벌집을 파괴하는 대신 옮기라고 제안하는 사람이 있을 정도다. 유럽에는 1000여 종의 땅벌이 존재하는데, 대다수가 무리 생활을 하지 않으며 우리 가까이 다가오지도 않는다. 반면 독일땅벌은 사회성 벌로, 양봉꿀벌보다는 뒤영벌과 비슷하게 무리를 지어 산다. 단지 벌집의 방이 밀랍이 아니라 혼응지로 되어 있다는 점이 다르다. 이 벌집은 단 한 번 이용된 후 겨울 전에 버려지며, 그다음 해에는 새로운 여왕벌이 새로운 벌집에 새로운 군집을 세운다.

유럽말벌

Vespa crabro

등검은말벌이 프랑스에 출현한 이후(2004년, 129쪽 참조), 사람들은 노란색에 검은 줄무늬를 가진 유럽말벌을 조금 더 호의적으로 바라보기 시작했다. 이 말벌은 적어도 꿀벌을 공격하지는 않지 않는가? 그러나 이는 사실이 아니다. 유럽말벌도 때때로 양봉꿀벌을 공격한다. 단지 공격 횟수가 적고 상대편도 대처 방법을 알고 있을 뿐이다. 또한 유럽말벌에 대한 선입견은 아직도 많아서 사람들은 근거 없이 이들을 무서워하곤 한다.

말벌에 대해 이성적으로 설명해 보자면 공격적이지 않고, 눈에 띄지 않으며, 겁이 많고, 포식자에, 수분 활동을 하고, 물질을 순환시키는 일 등을 한다. 그러나 우리는 여전히 말벌이라는 이름, 형태, 크기를 무서워한다. 그 누구도 이유는 제대로 모른다. 말벌이 벌침을 쏘는 일은 엄청나게 드물다. 매년 우리 주위를 조용히 맴도는 말벌의 수를 따져 보면 더더욱 그렇다. 게다가 그들이 가진 독성은 양봉꿀벌의 독성에 비해 약하다. 특히 그들의 벌집이 있는 구역 밖에서는(약 5미터 이상) 우리를 무서워하고 건드리지 않는다.

유럽말벌은 많은 포식자의 먹잇감이기도 하며,
정원에 생기를 불어넣고 다양한 상황을 만들어 낸다.

몸집이 큰 유럽말벌은 다른 커다란 곤충들을 제거할 수 있는 힘을 가진 포식자로, 이런 공격을 통해 얻은 사냥감으로 벌집에 숨어 있는 육식성 유충을 먹여 살린다. 반면 성충은 꽃꿀을 좋아해 자연스럽게 꽃의 수분 활동에 기여하고 잘 익은 과일을 선호하는데, 특히 가을이 오기 전 군집이 와해될 때쯤에 이런 광경이 자주 목격된다. 일부 수목 재배자들은 과일을 먹는 유럽말벌 때문에 골치가 아플 수도 있지만, 덕분에 떨어진 과실이 땅으로 빠르게 순환된다.

다른 사회성 땅벌류(125쪽 참조)와 마찬가지로 이들은 턱으로 죽은 나무를 갉아 땅으로 돌아갈 수 있도록 돕는 역할을 한다. 이렇게 해서 생긴 토밥에 침을 섞어 만든 펄프는 방과 외벽을 비롯한 벌집 전체를 만드는 데 쓰인다. 유럽말벌을 포함한 사회성 말벌들은 우리보다 훨씬 전부터 종이를 만들어 왔다. 유럽말벌은 많은 포식자의 먹잇감이기도 하며, 정원에 생기를 불어넣고 다양한 상황을 만들어 낸다.

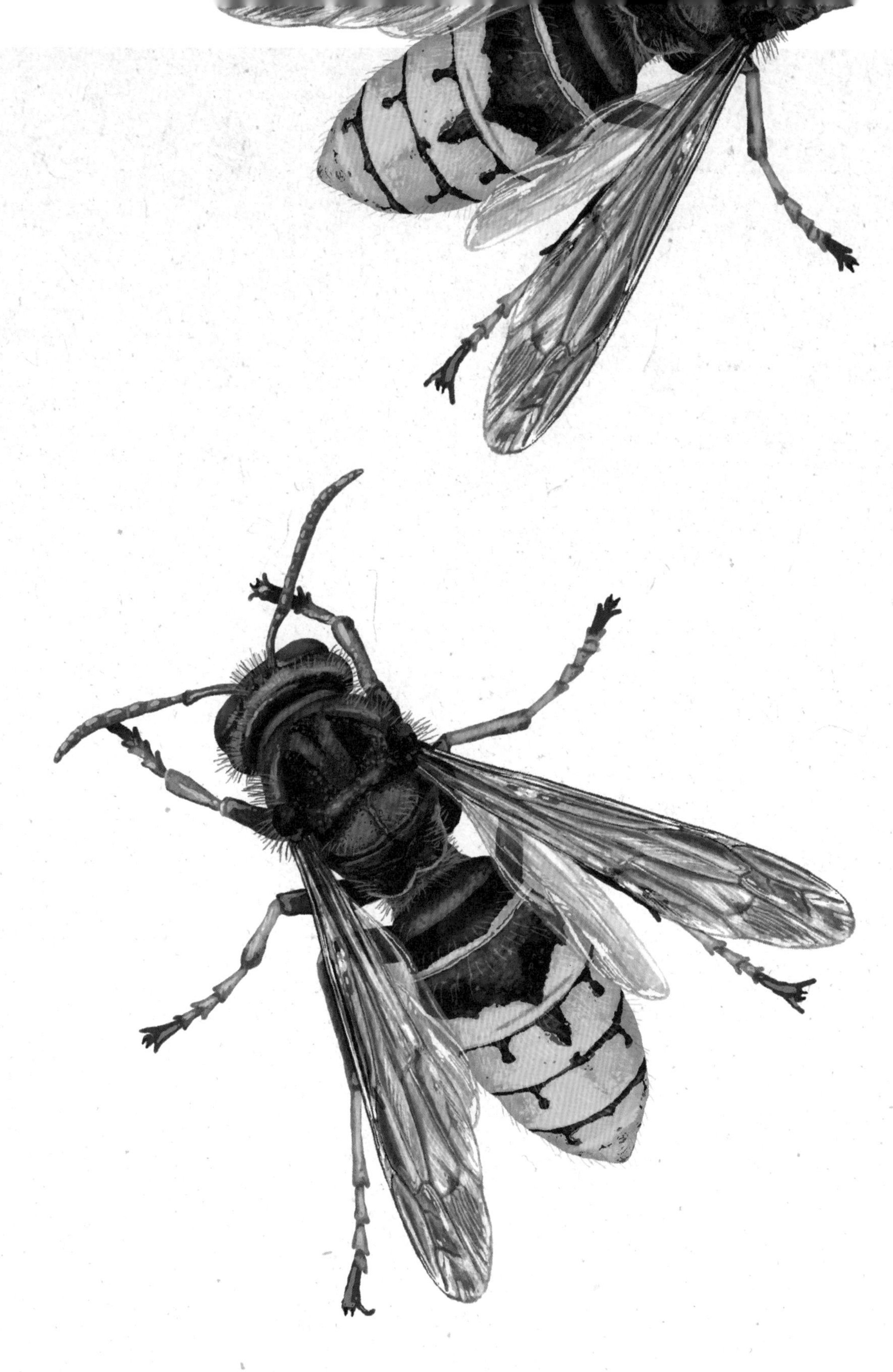

유럽말벌의 먹이는 무엇일까?

꿀벌, 과실의 껍질, 파리, 말벌류, 나비류 애벌레, 나비, 여치, 메뚜기, 과일, 꽃꿀

유럽말벌의 천적은 무엇일까?

벌매, 주행성 맹금류(말똥가리), 오소리, 유럽벌잡이새

등검은말벌의 먹이는 무엇일까?
잘 익은 열매, 꽃꿀, 무리지어 사는
곤충(사회성 말벌류, 파리, 양봉꿀벌),
나비 애벌레(유충의 먹이로)
등검은말벌의 천적은 무엇일까?
벌매, 주행성 맹금류(말똥가리),
오소리, 유럽벌잡이새

등검은말벌

Vespa velutina

2004년 이후 새로운 말벌 종이 프랑스 로트에가론주를 통해 유럽에 들어왔다. 우리가 동물을 들여오는 일은 흔하지만, 그중 정착에 성공하는 예는 드물다. 등검은말벌이 유럽에 성공적으로 정착할 수 있던 첫 번째 요인은 수정 후에 새로운 군집을 만들려고 준비 중이던 암컷이 때에 맞춰 봄에 도착했고, 두 번째는 원래 있던 지역과 유럽이 기후나 환경 면에서 굉장히 흡사했다는 점이다. 현재 등검은말벌은 유럽에 완전히 터를 잡았다.

일부 개체군이 양봉꿀벌을 공격해 양봉업자를 괴롭히는 주된 이유는 세 가지다. 먼저 무리 지어 사는 곤충들을 좋아하는 등검은말벌에게 양봉꿀벌은 훌륭한 먹잇감이다. 양봉꿀벌은 도시나 시골에서 다른 곤충들이 거의 모습을 보이지 않는 때에도 늘 자리를 지키고 있다. 또한 일부 개체군은 우리가 사육하는 방식과 야생 꽃의 다양성을 존중하지 않는 토지 정비 방식 때문에 다소 쇠약해졌다. 마지막으로 양봉꿀벌은 이 새로운 천적에 대비해서 스스로를 지키는 법을 아직 잘 몰라, 등검은말벌이 꿀벌 통 앞을 날아다니며 자신들을 예의 주시하는데도 밖으로 나오지 않는다.

등검은말벌은 정원에서 꽃꿀을 모으고
무리 지어 사는 곤충, 예를 들어 유기물 쓰레기 위의
파리나 벌집에 있는 땅벌류를 찾아 사냥한다.

우리는 다른 양봉 방법을 찾거나 더욱 민첩하게 스스로를 방어할 줄 아는 꿀벌들을 찾아야 할지도 모른다. 등검은말벌과 공생하는 방법을 배우는 게 가장 좋은 해결책일 수도 있다. 공격적이지 않으나 포식성이고, 수분 활동에 기여하며, 물질이 다시 자연을 돌아갈 수 있게 돕는 유럽말벌(126쪽 참조)과 등검은말벌의 습성이 비슷하기 때문이다. 유일한 차이점은 눈에 더 잘 띄고 더 용감하다는 것이다. 등검은말벌은 굳이 우리를 피하지 않아서 가까이 다가오기도 한다. 등검은말벌은 정원에서 꽃꿀을 모으거나 유기물 쓰레기 위를 날아다니는 파리, 벌집에 있는 땅벌류 등 무리 지어 사는 곤충들을 찾아 사냥한다. 그렇다. 등검은말벌은 때때로 무리 지어 살며 우리를 귀찮게 하는 땅벌류 또한 공격한다(125쪽 참조).

멕시코조롱박벌의 먹이는 무엇일까?

귀뚜라미, 여치

멕시코조롱박벌의 천적은 무엇일까?

새, 잠자리, 풍뎅이, 쥐, 생쥐,
개구리, 사마귀, 땅벌류

멕시코조롱박벌

Isodontia mexicana

멕시코조롱박벌은 '개미허리'라는 말의 거의 완벽한 예시다. 게다가 검은빛 날개와 긴 더듬이를 뽐내는 모습은 마치 정장을 차려입은 듯하다. 멕시코조롱박벌에게는 독립성 야생벌에게서 자주 보이는 우아함이 있다. 이들은 때때로 '동치성 곤충'으로 불리며 우리가 익히 알고 있는 줄무늬를 가진 사회성 땅벌류 곤충들과는 다르다. 멕시코조롱박벌은 단색이며, 사회를 이루지 않고 독립적으로 살아간다. 다른 개체와의 상호 작용은 수컷과 암컷 사이의 짧은 만남, 즉 짝짓기로 제한된다. 이후 수정한 암컷은 홀로 자손들이 살아남을 수 있도록 모든 환경을 구축한다. 즉 벌집을 설치할 이상적인 장소를 선택한다. 속이 빈 식물의 줄기, 원통형으로 말린 잎사귀, 다소 깊이 파인 구멍 등이 후보지다.

나머지 시간에 멕시코조롱박벌은 꽃에서 꿀을 모으고
대다수의 땅벌류처럼 꽃꿀을 먹는다. 이처럼 멕시코조롱박벌은
여치와 귀뚜라미와 정원의 '불청객'의 천적으로,
또는 꽃의 수분 활동을 돕는 매개 곤충으로 번갈아 가며 활동한다.

때때로 사람이 대나무로 만들어 놓은 벌집 중 줄기 하나를 선택하기도 한다. 그런 다음 멕시코조롱박벌 암컷은 육식성 유충을 먹이기 위해 오직 귀뚜라미와 여치만을 사냥하러 나선다. 암컷은 사냥감을 죽이지 않고 마비시켜 벌집에 저장하는데, 이 벌집은 식물 잔재물로 방이 분리되어 있어 예를 들면 8마리의 유충을 위한 8개의 방이 준비되어 있다. 마지막으로 벌집을 다 채우고 나면 각 방에 알을 낳고 기다란 건초 줄기로 벌집 전체를 막는다. 인공적으로 만들어 둔 벌집의 대나무 줄기보다 튀어나와 있는 이 풀이 멕시코조롱박벌을 나타내는 대표적인 특징이다.

나머지 시간에 멕시코조롱박벌은 꽃에서 꿀을 모으고 대다수의 땅벌류처럼 꽃꿀을 먹는다. 이처럼 멕시코조롱박벌은 여치와 귀뚜라미와 정원의 '불청객'의 천적으로, 또는 꽃의 수분 활동을 돕는 매개 곤충으로 번갈아 가며 활동한다. 어쩌다 보니 1960년대에 아메리카 대륙으로부터 유입된 멕시코조롱박벌은 점점 우리 정원에 자주 나타나고 있다.

린네잎벌

Rhogogaster viridis

린네잎벌의 성충은 주변에서 관찰할 수 있는 대부분의 초록색 곤충처럼 우리의 눈길을 사로잡는다. 린네잎벌은 거의 눈에 띄지 않고 잘 알려져 있지 않지만 반짝이는 광택, 미묘한 노란색 색조 덕분에 풀의 작은 보석이라고 불린다. 린네잎벌이 유충일 때는 나비 애벌레와 닮은 외향에 많이들 헷갈리고 혼란스러워 하는데, 특히 잎사귀를 갉아 먹는 방식이 동일하다. 하지만 린네잎벌은 '잎벌류'이며 유충은 초식성으로 6개의 발과 함께 나비 애벌레처럼 몸 전체에 흡반을 가지고 있다. 일단 자라고 나면 린네잎벌 유충은 땅에, 머물렀던 식물 위에, 나무껍질 틈새에 번데기를 만들고 변태한다.

일부 종의 유충이 우리가 키우는 식물을 먹기도 하지만,
린네잎벌 성충은 꽃꿀을 모으고 콜로라도감자잎벌레
유충이나 진딧물 등을 사냥한다.

린네잎벌은 침이 있는 땅벌류의 가까운 사촌 격이지만 얇은 허리와 침이 없어 땅벌과는 구별된다. 산란 기관이 작은 톱처럼 들쭉날쭉한 모양이라 때때로 '톱니파리'라고 불리기도 한다. 일부 종의 유충이 우리가 키우는 식물을 먹기도 하지만, 린네잎벌 성충은 꽃꿀을 모으고 콜로라도감자잎벌레 유충이나 진딧물 등을 사냥한다. 초식성인 린네잎벌 유충이 새와 같은 천적들을 불러들인다는 사실 또한 잊어서는 안 된다.

'벌'의 세계는 어마어마하게 넓고, 수천 종이 정원에서 우리를 둘러싸고 있다. 단지 대부분의 종이 린네잎벌처럼 무리 생활을 하지 않고 눈에 띄지 않을 뿐이다.

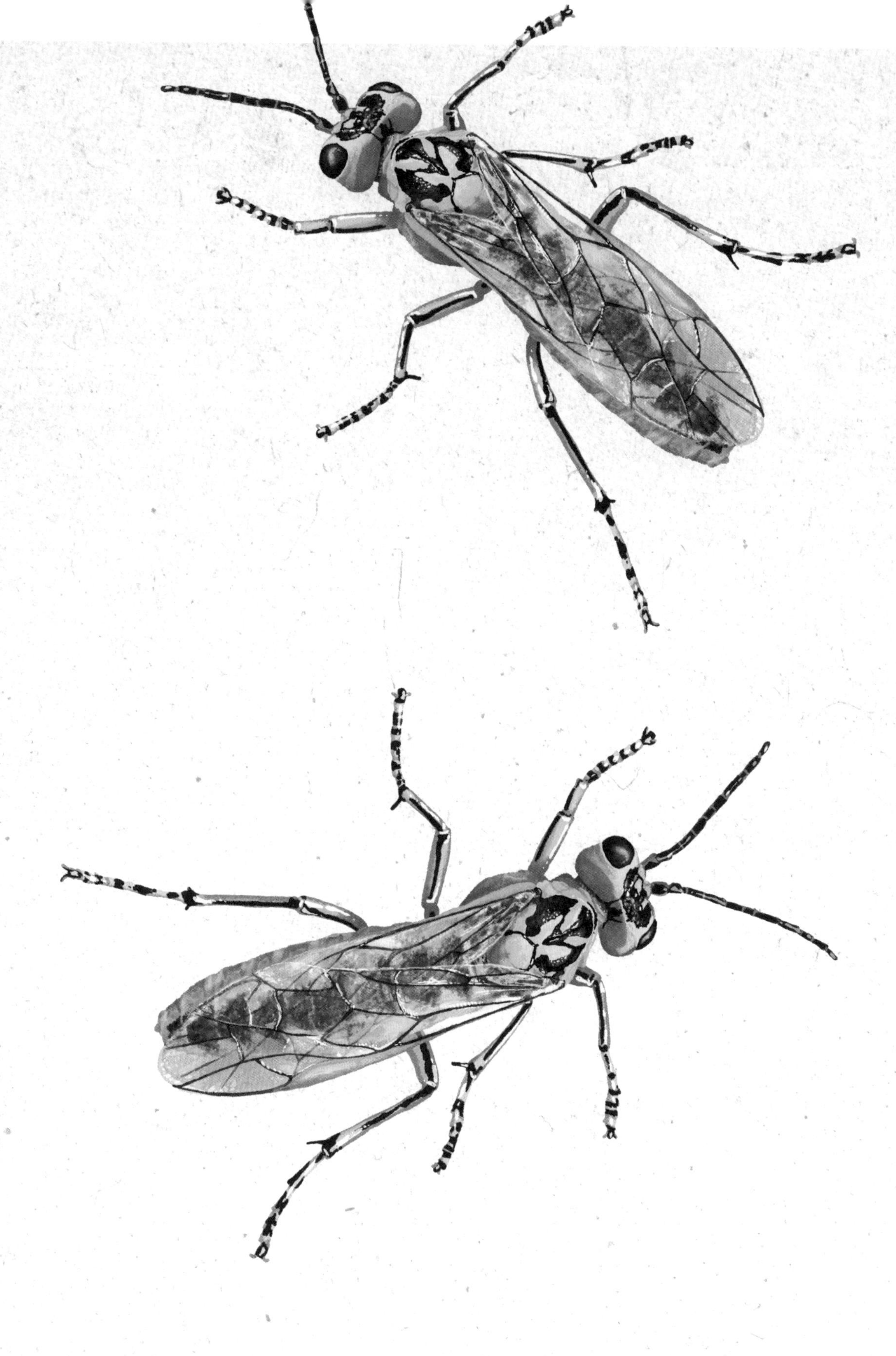

린네잎벌의 먹이는 무엇일까?

성충: 작은 곤충
유충: 장미잎, 까치밥나무, 고사리류

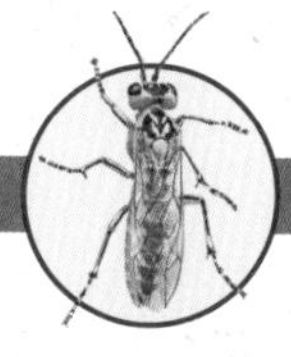

린네잎벌의 천적은 무엇일까?

구멍벌류, 식충성 새

고동털개미

Lasius niger

소설과 수필 전체를 통틀어도 복잡한 개미의 삶을 제대로 묘사한 작품은 매우 드물다. 다양한 개미종은 가까운 사촌 격인 꿀벌류나 말벌과에 속하는 많은 종들이 독립성인 것과는 다르게 모두 사회를 이루고 산다. 진화를 거치면서 개미 사회는 복잡해졌으며, 때때로 여러 마리의 여왕개미가 한 개미굴에서 살기도 한다. 고동털개미의 경우, 한 마리의 여왕개미가 한여름에 5000~1만5000개체에 둘러싸여 알을 낳는다. 고동털개미 사회에서 각 개체들은 일개미, 수개미, 암개미(공주개미, 여왕개미)로 계급이 나뉜다. 그러나 1년 중 대부분은 일개미와 여왕개미만이 존재한다. 다른 개미종에는 때때로 일개미 아래 계급이 존재하는데, 바로 '병정'개미다.

잡식성인 개미는 진딧물의 감로를 좋아하기 때문에
때때로 진딧물을 보호한다.

정원을 기어 다니고 때때로 집에도 들어오는 고동털개미는 일개미다. 수컷과 암컷은 날개가 있으며 다른 개미종처럼 번식기인 여름에만 나타난다. 날개 달린 이 개미들은 몸집이 훨씬 크고, 때때로 수백 수천 마리가 결혼 비행을 위해 날아오른다.

일단 짝짓기를 하고 나면 수컷은 빠르게 죽고 새로운 여왕은 홀로 군집을 만들기 위해 떠난다. 암컷은 날개가 떨어진 후에는 때때로 걸어서 새로운 보금자리를 파기에 이상적인 장소를 찾으러 떠난다. 땅벌 또는 뒤영벌 암컷처럼 고동털개미 암컷도 후손들이 이어받을 때까지 개미굴 만들기, 육아, 먹이 구하기, 보호 등의 모든 일을 혼자서 해낸다. 고동털개미도 다른 개미들과 마찬가지로 나비 애벌레와 긴밀한 관계를 유지한다. 특히 일부 작은 부전나비(172쪽 참조)의 애벌레가 개미가 매우 좋아하는 물질을 분비한다는 이유로 개미집으로 옮겨져 먹이를 조달 받는다. 잡식성인 개미는 진딧물의 감로(27쪽 참조)를 좋아하기 때문에 때때로 진딧물을 보호하고 사냥도 하며 정원의 작은 친구들과 어울려 살아간다. 개미의 활동은 정원에 넘치는 활기를 불어넣어 준다.

고동털개미의 먹이는 무엇일까?

진딧물의 감로, 곤충, 죽거나 살아 있는
무척추동물, 다양한 식물과 과일의 즙, 곤충 알

고동털개미의 천적은 무엇일까?

식충성 새, 도마뱀, 개구리, 두꺼비,
거미, 노린재, 뾰족뒤쥐

향기 나는 꽃, 고기, 생선, 남은 음식, 배설물, 사체, 지렁이

새, 개구리, 두꺼비, 거미, 잠자리, 땅벌류

체크무늬쉬파리

Sarcophaga carnaria

등 위의 검정색과 하얀색 정사각형 무늬가 마치 체스판 같은 체크무늬쉬파리는 종종 정원으로 윙윙거리며 날아온다. 체크무늬쉬파리의 검은 실루엣은 끄트머리가 널찍한 두툼한 발로 나뭇잎 위에 앉아 있을 때 쉽게 눈에 띈다. 체크무늬쉬파리는 꽃꿀을 모으고 수분 활동을 하기 때문에 꽃 위에서도 포착된다. 때때로 체크무늬쉬파리는 '회색고기파리gray meat fly'라고도 불리는데, 이는 배설물이나 사체에 이끌리는 성향과 관련이 있다. 일단 그 위에 올라가면 체크무늬쉬파리는 영양 성분을 빨아들일 뿐 아니라 알을 낳는다. 유충인 구더기의 식생활은 배설물이나 사체와 관련이 깊다. 성충 파리가 때때로 우리가 먹던 고기나 생선 주위를 뱅뱅 도는 이유다.

> 쓰레기 순환과 지렁이 수 조절, 꽃의 수분 활동 참여 등
> 체크무늬쉬파리의 활동은 정원에 의미 있는 도움을 준다.

그러나 체크무늬쉬파리 유충의 주요 먹잇감은 지렁이다. 땅에 도착한 유충들은 곧바로 지렁이가 파 놓은 좁은 길로 내려간다. 체크무늬쉬파리는 난태생으로, 다시 말해 어미의 몸 속에서 알이 부화해 유충이 된 후 몸 밖으로 나오기 때문에 곧바로 움직일 수 있다. 암컷은 100마리 이상의 유충을 낳아 여기저기 퍼트린다.

일부 개체가 유기물 쓰레기의 병원균을 우리 음식에 옮길 수 있지만, 이런 일은 극히 드물게 일어난다. 쓰레기 순환과 지렁이 수 조절, 꽃의 수분 활동 참여 등 체크무늬쉬파리의 활동은 정원에 의미 있는 도움을 준다. 따라서 가능하다면 어둡고 회색에 털에 뒤덮이고 눈은 빨간색인, 우리의 미적 기준에 들어맞지 않는 이 곤충에 대한 편견을 잊어버리도록 노력해 보자.

금파리

Lucilia caesar

어째서 금파리는 우리 주변의 곤충들 중 가장 멋진 곤충으로 분류되지 않을까? 초록색에 금속성 광택으로 반짝이는 모습이 마치 예술 작품이나 장식품 같지 않은가! 하지만 금파리의 형태, 듬성듬성 난 털, 사체와 배설물을 찾아다니는 습성 때문에 우리는 이들을 아름답다고 인정하지 않는다. 그렇다면 꽃꿀을 모으고 있을 때 금파리를 관찰한다면 어떨까? 우리가 좋아하는 자연 요소 위에 있는 금파리는 그 독특함으로 인해 쉽게 눈에 띈다. 또한 이 시기에는 금파리가 정원의 수많은 곤충들처럼 꿀을 모으고 수분 활동을 돕는 모습을 볼 수 있다.

금파리는 약간 짧은 입을 가지고 있기 때문에 꽃부리가 깊지 않은 꽃을 찾아다니며 꽃가루와 꽃꿀로 몸을 흠뻑 적신다. 당근 꽃, 어수리 꽃, 파스닙에는 다양한 종의 금파리들이 함께 달려든다.

금파리는 약간 짧은 입을 가지고 있기 때문에 꽃부리가 깊지 않은 꽃을 찾아다니며 꽃가루와 꽃꿀로 몸을 흠뻑 적신다. 당근 꽃, 어수리 꽃, 파스닙에는 다양한 종의 금파리 친구들이 함께 달려든다. 꽃꿀을 모으지 않을 때, 그리고 짝짓기가 끝났을 때 금파리는 알을 낳기 위한 장소를 찾는다. 배설물이나 아무렇게나 버려진 썩은 사체 등 부패 중인 유기물이 적당한 후보다. 법의곤충학자들은 사체에 금파리 유충이 존재하는 것을 보고 사망 시기를 유추하기도 한다. 실제로 곤충학자들은 금파리가 언제 알을 낳는지, 그리고 구더기가 변태할 정도로 성장하기까지 얼마나 걸리는지 잘 알고 있다.

수분 활동을 하고, 자연의 순환을 돕고, 새나 다른 동물의 먹이가 되는 금파리는 우리 정원에 꼭 필요한 존재다. 또한 금파리의 윙윙거림, 비행, 꽃 위에서의 움직임이 정원에서 우리의 눈길을 사로잡기도 한다.

금파리의 먹이는 무엇일까?
꽃, 과일, 사체, 배설물
금파리의 천적은 무엇일까?
새, 개구리, 두꺼비, 거미, 잠자리, 땅벌류

호리꽃등에의 먹이는 무엇일까?
성충: 꽃가루, 꽃꿀
유충: 진딧물
호리꽃등에의 천적은 무엇일까?
새, 땅벌류, 사마귀, 양서류

호리꽃등에

Episyrphus balteatus

한 곳에 머무르는 정지 비행, 몸의 줄무늬만으로도 충분히 이목을 끄는 호리꽃등에가 정원에서 눈에 띄지 않을 리는 없다. 그렇지만 호리꽃등에가 사실은 파리라는 사실을 알아차리는 경우는 드물다. 하지만 유심히 관찰하다 보면 헷갈릴 수 없는데, 호리꽃등에의 커다란 눈과 짧은 더듬이는 말벌과 곤충에게서 발견할 수 없는 특징이기 때문이다. 물론 공격성이 없는 이 파리의 노랗고 검은 줄무늬가 말벌과 곤충을 연상시키기는 하지만 말이다.

호리꽃등에는 꽃등엣과의 파리 중 작은 편이고, 이들처럼 말벌과 비슷한 색깔과 무늬와 형태를 지닌 다른 종들도 있다. 땅벌, 말벌, 꿀벌 또는 뒤영벌과 닮은 이 모습은 우리가 호리꽃등에를 보면 경계하듯 천적으로부터 이들을 보호한다. 노란색에 검은 줄무늬를 가진 말벌과 곤충과 흡사한 모습을 한 곤충들은 수두룩하다.

호리꽃등에의 정지 비행은 특히 진딧물이
번성하는 계절의 정원에서 목격된다.
호리꽃등에 유충은 주로 진딧물을 먹는다.

호리꽃등에의 정지 비행은 특히 진딧물이 번성하는 계절의 정원에서 목격된다. 호리꽃등에 유충은 주로 진딧물을 먹는다. 작은 민달팽이 형태를 한 구더기는 부화 후 조심스럽게 식물 줄기를 기어 다니며, 때때로 무당벌레 유충처럼 진딧물을 지키려는 개미에게 공격당하기도 한다. 일단 성장하고 나면 이 유충은 날개가 있는 성충으로 변태해 빠르게 수많은 식물의 꽃으로 날아가 꽃꿀을 모은다. 호리꽃등에는 많은 식물을 가장 효과적으로 수분시키는 곤충 중 하나다. 또한 호리꽃등에는 장거리를 여행하는 이동성 곤충으로 봄에 북쪽으로 올라갔다가 후손들이 그 길을 반대로 내려온다. 매년 봄과 여름에 거의 유럽 전역에서 호리꽃등에 수백만 마리가 진딧물을 먹고 수분 활동을 하는 모습을 볼 수 있다.

띠모양대모꽃등에의 먹이는 무엇일까?

성충: 꽃꿀
유충: 쓰레기통 내용물, 사회성 말벌과 곤충의 유충(또는 말벌집)

띠모양대모꽃등에의 천적은 무엇일까?

새, 땅벌류, 사마귀, 양서류

띠모양대모꽃등에

Volucella zonaria

곤충에 익숙한 사람들에게는 확실히 파리로 보인다. 의심의 여지도 없다. 저렇게 커다란 두 눈과 짧은 더듬이를 가졌으니까. 그러나 새가 의심을 하듯 우리도 말벌의 모습을 한 이 커다란 곤충을 피하곤 한다. 전혀 공격적이지 않은 띠모양대모꽃등에의 모습은 진화를 거듭해 만들어진 일종의 속임수다. 색깔과 무늬가 말벌을 연상시켜 천적들을 속이는 것이다. 이 닮은 외형은 또한 사회성 말벌과 곤충에게 거리낌 없이 다가갈 수 있게 해주며, 심지어는 그들의 벌집으로 들어가 알까지 낳는다. 띠모양대모꽃등에 유충은 말벌과 곤충의 보금자리에 자리를 잡고 살면서 주로 그곳에서 나온 잔재물을 먹고 사는데, 육식성이기 때문에 때때로 숙주의 유충을 잡아먹기도 한다. 그러나 마치 기생충처럼 찌꺼기를 주식으로 하기 때문에 그들의 존재가 군집에 위협이 되지는 않는다.

중요한 수분 매개 곤충인 띠모양대모꽃등에는
특히 꽃부리가 깊지 않아 그들의 입으로도
꽃꿀과 꽃가루에 닿을 수 있는 꽃들의 수분을 돕는다.

다른 수많은 꽃등에나 곤충들처럼 띠모양대모꽃등에 또한 이동성 곤충이다. 띠모양대모꽃등에는 매년 지역과 국가를 옮겨 가며 생활한다. 정원에서 자주 목격되며 특히 꽃 위에서 꽃꿀을 모으는 모습을 심심찮게 볼 수 있는데, 파리가 대개 그러하듯 대부분 꽃의 수분 활동에 크게 기여하고 있다. 중요한 수분 매개 곤충인 띠모양대모꽃등에는 특히 꽃부리가 깊지 않아 그들의 입으로도 꽃꿀과 꽃가루에 닿을 수 있는 꽃들의 수분을 돕는다. 또한 호기심이 많아 아주 가까운 접근을 허용하기도 한다.

꽃등에

Eristalis tenax

영어로는 꽃등에를 '드론 플라이drone fly'라고 부른다. 원래 드론은 수컷 양봉꿀벌을 가리키는 단어로, 짝짓기 비행 때 내는 윙윙 소리에서 오늘날 하늘을 나는 기계의 이름이 유래했다. 수컷 양봉꿀벌은 커다란 눈을 갖고 있다. 마치 꽃등에처럼 말이다. 아니면 수컷 양봉꿀벌이 꽃등에를 닮았다고 할 수도 있다. 아마 일부 천적들은 침으로 공격을 당할까 봐 꽃등에를 경계하면서 피해 갈 것이다. 하지만 꽃등에는 다른 꽃등에(141쪽 참조)들처럼 전혀 공격적이지 않다. 꽃등엣과에는 실제로 말벌과 또는 꿀벌류 곤충의 모습을 한 종이 수도 없이 많다.

꽃등에 암컷은 정원에 가장 먼저 핀 꽃에서 꽃꿀을 모아
그들의 유일한 먹이인 꽃가루 반죽을 만든다.
그런 다음 다른 꽃들이 하나둘씩 피어나기 시작한다.

꽃등에는 2월부터 겨울이 끝나자마자 가장 먼저 밖으로 나오는 곤충들 중 하나다. 특히 암컷은 가을에 수정을 한 후 숨어서 성충인 채로 겨울을 난다. 꽃등에 암컷은 정원에 가장 먼저 핀 꽃에서 꽃꿀을 모아 그들의 유일한 먹이인 꽃가루 반죽을 만든다. 그러고 나면 다른 꽃들이 하나둘씩 피어나기 시작한다. 반면 회색 구더기처럼 생긴 꽃등에 유충은 몸 끝에 커다란 호흡 기관을 달고 있어 수중 생활이 가능해, 폐수나 오물 주변의 액체처럼 썩고 있는 유기물이 가득한 물 웅덩이에서 산다. 그렇게 몇 주가 흐르면 유충은 마른 땅으로 나와 숨어서 약 열흘 동안 변태한다. 다른 많은 꽃등엣과 곤충들처럼, 꽃등에는 매우 많이 이동한다. 꽃등에는 물리적으로 강인하고, 꽃을 까다롭게 선택하지 않으며, 유충은 오염된 물을 견딘다. 꽃등에를 전 세계 수많은 나라에서 흔하게 볼 수 있는 이유다.

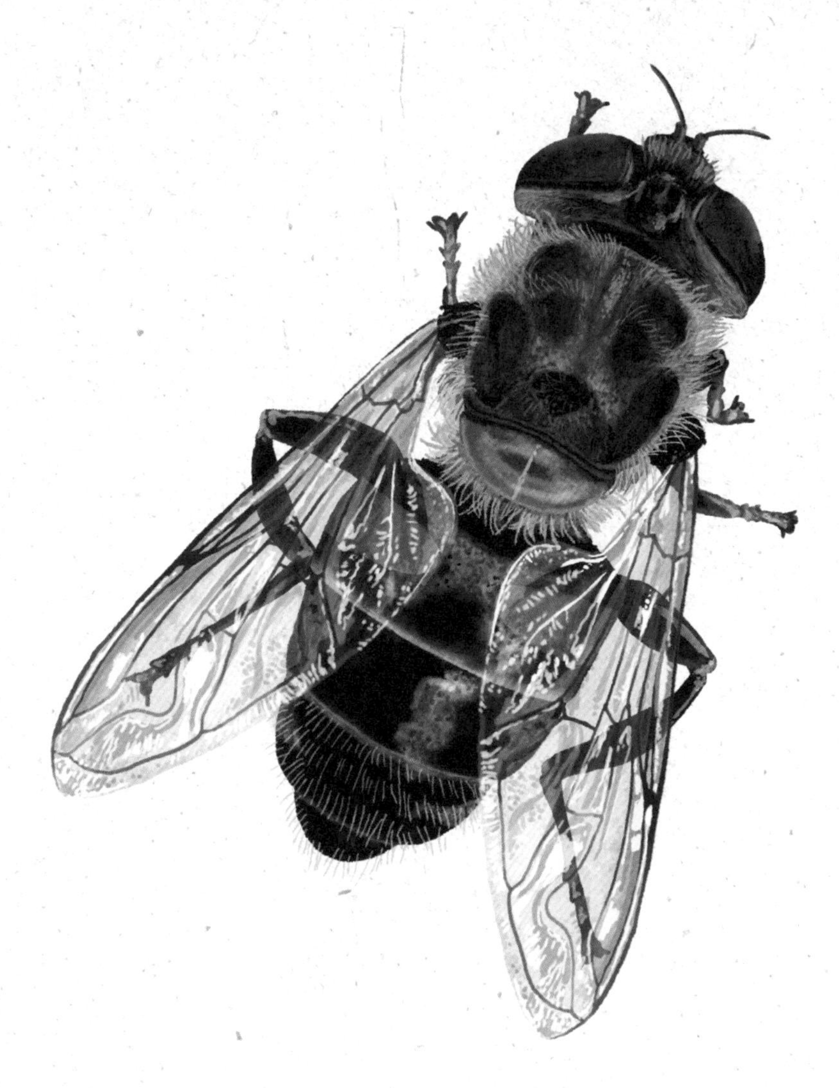

꽃등에의 먹이는 무엇일까?

꽃꿀

꽃등에의 천적은 무엇일까?

새, 땅벌류, 사마귀, 양서류

빌로오드재니등에의 먹이는 무엇일까?
꽃꿀, 꿀벌의 알과 유충
빌로오드재니등에의 천적은 무엇일까?
거미, 잠자리, 새, 사마귀

빌로오드재니등에

Bombylius major

빌로오드재니등에가 정원을 거닐 때 만약 큰 관심을 두지 않는다면 그 형태와 털 때문에 작은 뒤영벌로 오해할 수 있다. 그러나 가까이 다가가면 기다란 '관'과 커다란 눈, 반쯤 잿빛인 한 쌍의 날개가 보인다. 그리고 속았다는 사실을 깨닫는다. '파리잖아!' 그러나 잘 알려지지 않았을 뿐 빌로오드재니등에는 우리 주변에 사는 수천 종의 곤충 중 하나로, 집에 들어오지도 않고 우리를 귀찮게 굴지도 않는다. 오히려 대부분이 정원에 활기를 불어넣어 주는데, 이들의 활발한 움직임이 우리에게 유리하게 작용하는 경우가 종종 있다. 빌로오드재니등에는 수분 활동에 참여하고, 때때로 꽃꿀을 모으는 꽃 앞에서 정지 비행을 하며, 가끔은 꽃 위에 앉아 날개를 거의 쉼 없이 움직이며 깊은 화관에 구기를 집어넣는다.

빌로오드재니등에는 수분 활동에 참여하고,
때때로 꽃꿀을 모으는 꽃 앞에서 정지 비행을 하며,
가끔은 꽃 위에 앉아 날개를 거의 쉼 없이 움직이며
깊은 화관에 구기를 집어넣는다.

빌로오드재니등에의 유충은 완전히 다른 삶을 산다. 유충은 주로 땅에 보금자리를 마련하는 말벌과 꿀벌류 곤충의 벌집에 기생해서 살아간다. 꿀벌 또는 뒤영벌을 닮은 외형 덕분에 별다른 문제 없이 애꽃벌(110쪽 참조), 땅벌류(125쪽 참조), 뒤영벌(116, 119, 120쪽 참조)의 땅속 둥지 입구에 알을 낳으면, 알에서 나온 유충은 숙주의 유충이나 저장된 먹이를 먹고 자란다. 마찬가지로 땅속에서 생활하는 메뚜기나 애벌레, 번데기 둥지에 기생하기도 한다. 암컷 빌로오드재니등에가 둥지 입구에 알을 낳지 못하면 꽃 위에 알을 낳는데, 그러면 꿀벌은 몸에 달라붙은 빌로오드재니등에 유충을 자신도 모르게 보금자리로 데려가게 된다.

빌로오드재니등에 성충은 땅에서 나온 다음 어마어마하게 많은 정원의 꽃으로 꽃꿀을 모으러 다닌다. 빌로오드재니등에는 본래의 모습으로도 정원사들을 기쁘게 만든다.

마르코털파리

Bibio marci

4월 25일 성마르코축일 즈음, 마르코털파리 첫 개체들이 땅속에서 튀어나와 날아오른다. 마르코털파리는 유충 상태로 땅 표면 아래에 숨어 수개월 동안 겨울을 난 후, 날개가 있는 성충으로 변태하고 나면 발을 늘어뜨린 채 아주 천천히 우리 주위를 날아다닌다. 이처럼 독특하게 비행하는 마르코털파리는 주로 3월에서 4월까지 우리 주변을 맴돈다. 이 시기에 마르코털파리는 꽃꿀을 모으고, 짝짓기를 하고, 알을 낳는다. 마르코털파리의 생은 비교적 짧은 편이지만, 활동하는 기간 동안 과실수를 비롯한 여러 식물의 꽃이 만개했을 때 수분 활동이 이뤄지는 데 보조적인 역할을 한다. 암컷과는 달리 수컷의 큰 눈은 서로 붙어 있으며 머리의 대부분을 차지한다.

유충이 작을 때는 썩고 있는 유기물을 먹으며
자연의 순환 작용을 도와 땅을 비옥하게 만든다.

마르코털파리는 식물성 물질이 풍부하고 습한 땅 표면에 알을 낳는다. 알에서 나온 유충은 그곳에서 유기물과 다양한 뿌리를 찾아낸다. 유충이 작을 때는 썩고 있는 유기물을 먹으며 자연의 순환 작용을 도와 땅을 비옥하게 만든다. 유충이 크면 강력한 턱으로 여러 뿌리를 갉아 먹는다.

어찌 됐든 많은 수의 유충이 땅의 공기를 순환시키고, 땅을 촉촉하고 비옥하게 만드는 데 일조한다. 마르코털파리 성충은 물 가까이 다가가면 육식성 물고기를 비롯한 포식자의 먹이가 되곤 한다. 그들만의 특색 있는 비행은 계절 초에 독특한 볼거리를 제공한다.

마르코털파리의 먹이는 무엇일까?

꽃꿀, 땅에 떨어진 낙엽

마르코털파리의 천적은 무엇일까?

물고기, 개구리, 식충성 새, 땅벌류, 사마귀

배추각다귀

Tipula oleracea

모기의 가까운 사촌 격이자 공격적이지 않은 배추각다귀는 정말 '사촌'이라고도 불린다. 가족과 어울려 생활하는 사촌처럼 늘 집에 상주하던 모기 때문에 이런 별명이 붙은 것으로 추측된다. 하지만 이 커다란 곤충은 어쩌다 집에 들어와도 그들이 원하는 것이 무엇도 없기 때문에 다시 나가려고 한다. 그들에게 필요한 것은 수액과 물과 꽃꿀을 얻을 수 있는 꽃으로 이 모든 게 충족된 다음에는 짝을 찾아 나서고, 짝짓기를 하고, 알을 낳는다.

우리 정원과 잔디 위에서 배추각다귀 유충이 골칫거리가 된 적은 매우 드물다. 때때로 채소밭을 가꾸는 경우를 제외하고 말이다. 배추각다귀는 땅을 재생하고, 비옥하게 만들며, 공기를 넣어 주고, 촉촉하게 적셔 준다.

배추각다귀의 산란 장소는 땅, 그중에서도 잔디밭이다. 암컷은 몸 뒤쪽에 붙어 있어 아주 잘 보이는 뾰족한 산란관으로 수백 개의 알을 땅속 깊숙이 묻는다. 때때로 알은 땅 표면에 그대로 놓여 있기도 하고, 심지어는 공중으로 날아가 버리기도 한다. 일부 영농업자들은 유충의 수가 지나치게 많아 재배 작물의 뿌리를 상하게 하지 않을까 걱정한다. 그러나 채소밭이라면 모를까, 배추각다귀 유충이 정원과 잔디밭에서 골칫거리가 되는 경우는 매우 드물다. 배추각다귀는 땅을 재생시키고 비옥하게 만들며, 공기를 넣어 주고, 촉촉하게 적셔 준다. 유충과 성충 모두 수많은 천적의 매력적인 먹잇감이기도 하다.

일단 성충이 되고 나면 때때로 '장님거미'로 오인되기도 한다(198쪽 참조). 이 커다란 배추각다귀는 빛에 이끌려 모습을 드러냈을 때 눈에 잘 띈다. 우리 손에 잡히면 방어하기 위해 잡힌 발을 분리하는데, 이런 방식으로 새의 부리나 도마뱀의 입을 피해 위험한 상황에서 빠져나온다.

배추각다귀의 먹이는 무엇일까?
성충: 꽃꿀
유충: 뿌리, 낙엽
배추각다귀의 천적은 무엇일까?
양서류, 새, 박쥐

빨간집모기의 먹이는 무엇일까?
암컷: 인간 또는 동물의 피, 꽃꿀
빨간집모기의 천적은 무엇일까?
물고기, 개구리, 두꺼비, 제비, 박쥐, 영원, 도롱뇽, 잠자리 유충

빨간집모기

Culex pipiens

우리가 정원에 없었으면 하는 곤충이 있다면 단연 모기일 것이다. 적어도 암컷 모기는 우리의 피를 빨지 않는가! 단지 사람들은 모기가 다른 동물들도 물며 모든 모기가 우리를 성가시게 하지는 않는다는 사실을 의식하지 못한다. 모기는 흡혈을 하고 그 피로 알을 만들어 낳는다. 우리를 찾기 전에는 꽃꿀이나 즙을 모으는데, 이를 통해 일부 꽃의 수분 활동에 참여한다. 또한 새의 먹이이기도 하며, 비행 중인 박쥐에게 사냥 당하기도 한다.

정원 연못이 다양한 수중 식물과 동물들로
활기차다면 천적들이 유충을 다 잡아먹어
모기가 우리를 귀찮게 할 일은 없을 것이다.

날개가 있는 성충이 되기 전, 빨간집모기 유충은 물속에서 생활한다. 수중 생활을 하는 유충은 내용물 없이 물로 가득한 화분, 빗물받이, 늪, 잔잔한 연못에서 발견된다. 이런 곳에서 유충은 식물성 플랑크톤을 먹으며 플랑크톤의 개체 수를 조절한다. 또한 물의 여과에도 기여하며 올챙이, 물고기, 잠자리 유충 등 여러 수중 생물의 먹이가 되기도 한다.

성충으로의 변태는 수면에서 이뤄진다. 빨간집모기의 수명은 약 엿새에서 한 달이다. 때때로 일부 개체는 거처에 숨어 겨울을 나기도 하는데, 휴면 상태로 있기 때문에 수개월을 살아남을 수 있다. 집 안에서라면 온기 때문에 겨울을 나지 못하고 가을 또는 겨울에 피를 빨기도 한다.

정원 연못이 다양한 수중 식물과 동물로 활기차다면 천적들이 유충을 다 잡아먹어 모기가 우리를 귀찮게 하지 않을 것이다. 만약 모기의 활동 시간을 알고 피한다면 더더욱 마주칠 일이 없다. 예를 들어 일본 종은 저녁 즈음 우리를 귀찮게 할 수도 있다. 프랑스에는 70여 종의 모기가 살며 그중 3종만이 가끔 우리의 피를 빤다.

꼬리박각시의 먹이는 무엇일까?

성충: 꽃꿀(갈퀴덩굴속, 별꽃, 제비꽃, 푸른색 꽃)
애벌레: 나뭇잎

꼬리박각시의 천적은 무엇일까?

식충성 새, 사마귀

꼬리박각시

Macroglossum stellatarum

곤충에게 관심이 있는 사람이라면 꼬리박각시가 빠른 날갯짓으로 꽃 앞에서 정지 비행을 한다는 사실을 알 것이다. 이들이 벌새가 아닌지 궁금해하는 사람들도 있다. 하지만 벌새는 유럽에서 볼 수 없는 데다 꽃 앞에서 정지 비행을 하는 다른 나비나 곤충들도 존재한다. 꽃 가까이로 가면 꼬리박각시는 말려 있던 긴 구기를 빠르게 풀어 화관 깊은 곳에 꽂아 꽃꿀을 빨아 먹는다. 이 기술로 꼬리박각시는 짧은 시간 내에 여러 꽃에서 꽃꿀을 모은다. 북방황나꼬리박각시와 같은 일부 박각시들은 앞다리를 꽃잎 위에 올려놓고 움직이지 않는다. 꼬리박각시는 모든 발을 몸 쪽으로 접고도 꽃꿀을 모을 때 완벽하게 정지 비행을 한다.

꽃 가까이로 가면 꼬리박각시는 말려 있던 긴 구기를
빠르게 풀어 화관 깊은 곳에 꽂아 꽃꿀을 빨아 먹는다.
이 기술로 꼬리박각시는 짧은 시간 내에
여러 꽃에서 꽃꿀을 모은다.

꼬리박각시는 이동성 곤충으로 부모 세대가 겨울을 보낸 아프리카 서북부 지역이나 스페인에서 매년 매우 빠른 속도로 날아 프랑스로 돌아온다. 이동성 곤충의 경우, 부모 세대가 아닌 그다음 세대가 아프리카 및 유럽을 오간다. 그곳에서 애벌레는 우리의 옷이나 포유류의 털에 붙어 이동하는 끈적끈적한 줄기를 가진 꼭두서닛과 식물을 먹는다. 이렇게 꼬리박각시는 한 세대를 북유럽에서 보내고 다시 떠난다. 지구 온난화로 인해 일부 개체는 프랑스에 남아 번데기인 상태로 겨울을 나기도 한다.

꼬리박각시는 도시 한가운데를 포함해 여러 정원에 불쑥 나타나기 때문에, 다시 날아갈 때까지 우리 가까이에서 아주 빠른 속도로 꽃꿀을 모으는 모습을 쉽게 관찰할 수 있다.

초원갈색뱀눈나비

Maniola jurtina

초원갈색뱀눈나비와 같은 작은 밤색 나비는 그 수가 많으며, 사람의 손을 타지 않아 잡초가 무성한 넓은 정원에 자주 찾아오는 귀한 손님이다. 특히 볏과 식물이 애벌레의 주 먹이다. 실제로 수많은 나비들이 진화 과정을 거치며 애벌레 시절에 특정 식물과 특별한 관계를 맺는데, 초원갈색뱀눈나비의 경우 볏과 식물과 연관되었다.

따라서 겨울을 포함해 어느 계절이라도 제초기로 잡초를 뽑아 아예 자라지 못하게 하면 곤란해질 수 있다. 나비 애벌레들이 풀숲 가운데에서 풀을 양식 삼아 겨울을 나기 때문이다. 이러한 이유로 전문가들은 풀밭을 너무 자주 깎지 않아야 하며, 애벌레가 성장을 마치기를 기다렸다가 한참 뒤에 깎아야 한다고 조언한다.

초원갈색뱀눈나비와 같은 작은 밤색 나비는
그 수가 많으며, 사람의 손을 타지 않아 잡초가 무성한
넓은 정원에 자주 찾아오는 귀한 손님이다.
특히 볏과 식물이 애벌레의 주 먹이다.

이에 따라 녹지 관리를 할 때 풀을 자주 베지 않아도 된다는 인식이 점점 확산되고 있다. 풀을 자주 깎지 않으면 야생 꽃 또한 오랜 기간 피어 있게 되므로 성충들이 더 늦게까지 꽃꿀을 모으고 수분 활동을 할 수 있게 된다.

오른쪽의 그림은 암컷 초원갈색뱀눈나비로 날개 끝 쪽에 있는 검은색 점인 안상반점 주변에 커다란 주황색 무늬가 있다. 수컷의 날개에는 주황색이 거의 없는 편이다. 수많은 나비 종의 경우, 외양상 수컷과 암컷의 구별이 쉬운 편으로 특히 날개에서 암수의 차이가 두드러진다. 그런데 두 날개를 딱 붙여 접으면 날개의 색이 위장색 역할을 한다. 이처럼 초원갈색뱀눈나비는 존재를 알아차리기 어려운 데다 낙엽처럼 위장하고 있어 천적들을 농락한다.

초원갈색뱀눈나비의 먹이는 무엇일까?
볏과 꽃꿀, 식물 잎사귀
초원갈색뱀눈나비의 천적은 무엇일까?
식충성 새, 거미, 도마뱀, 사마귀, 땅벌류

산형과 식물(회향, 야생 당근)

식충성 새, 거미, 도마뱀, 사마귀, 땅벌류

산호랑나비

Papilio machaon

산호랑나비는 유럽에서 가장 눈에 많이 띄는 나비로, 곤충에 특별히 관심이 없는 사람들에게도 널리 알려져 있다. 산호랑나비의 크기, 형태, 색깔은 눈길을 끌 수밖에 없다. 게다가 나비는 가장 인기가 많은 곤충 중 하나가 아닌가. 산호랑나비는 열대 국가에서 온 이국적인 나비와 무늬와 색채가 비슷하다. 사실 유럽의 모든 나비 중에서 커다랗고 알록달록한 표본은 매우 드문 편이다. 대부분이 흐릿한 색조의 날개를 갖고 있으며 야행성이다. 낮나비류 곤충은 매우 또렷한 색상을 자랑하는데, 서로의 모습이 잘 보여 수컷과 암컷이 만나는 데 도움이 된다. 밤에는 후각이 특히 더 활성화되고, 꽃에 반사된 자외선 같은 다른 색채 정보를 이용한다.

산호랑나비는 야생 당근, 회향, 딜 등의
산형과 식물에 주로 알을 낳는다.

산호랑나비 암수가 만나면 짝짓기를 하고 암컷은 먹이가 되는 식물 위에 알을 낳는다. 나비의 종에 따라 애벌레를 먹여 살리는 식물이 각각 다른데 산호랑나비는 야생 당근, 회향, 딜 등의 산형과 식물에 주로 알을 낳는다. 수많은 곤충이 그러했듯 산호랑나비도 암컷이 애벌레를 먹여 살릴 식물을 찾지 못했다면 살아남을 수 없었을 것이다. 산호랑나비와 다른 종의 나비들은 이처럼 일부 식물과 '공진화'했고, 이 관계를 바꿀 수는 없다. 종의 진화가 긴 시간에 걸쳐 이뤄진다는 사실을 고려하면 적어도 짧은 시간 안에는 불가능할 것이다.

산호랑나비는 번데기 상태로 식물에 붙어 위장한 채 겨울을 난다. 정원에 산호랑나비를 불러들이려면 산형과 식물을 비롯해 풀이 무성하게 자라도록 내버려 둘 필요가 있으며, 겨울을 포함해 언제든 풀을 너무 깎지 않는 편이 좋다.

큰배추흰나비

Pieris brassicae

나비 이름에 특정 식물 이름이 포함되는 일은 꽤 흔하다. 다양한 나비 종이 각각 일부 식물과 연관되는데, 특히 해당 식물을 먹고 자라는 애벌레와 관련이 있다. 나비 성충이 다양한 식물 종의 꽃에서 꿀을 모으고 다닌다면 애벌레는 대부분 훨씬 까다로운 편이다. 진화를 거치면서 애벌레들은 '기주식물'과 특별한 관계를 맺었고, 그 결과 일부 애벌레는 굉장히 다양한 종류의 식물을 골고루 먹는 반면 또 다른 일부는 먹이를 가려 먹는다. 큰배추흰나비는 야생에서 자란 것이든 텃밭에 심어 직접 키운 것이든 배추, 꽃양배추, 무 등을 포함한 배춧과, 즉 십자화과 식물 위에 주로 알을 낳는다.

큰배추흰나비 애벌레는 그 수가 너무 많으면 채소 생산량에
악영향을 미칠 수 있어 정원사의 골칫거리다.
함께 살아가는 방법을 찾기란 때때로 매우 어려우며,
재배 작물 구성에 대한 깊은 고민이 필요하다.

큰배추흰나비 애벌레는 그 수가 너무 많으면 채소 생산량에 악영향을 미칠 수 있어 정원사의 골칫거리다. 함께 살아가는 방법을 찾기란 때때로 매우 어려우며, 재배 작물 구성에 대한 깊은 고민이 필요하다. 생물 다양성은 우리를 둘러싸고 있는 모든 것에 관심을 기울여야 하는 문제다. 큰배추흰나비 애벌레는 새와 곤충의 훌륭한 먹잇감이며, 성충은 수분 매개 곤충이라는 사실을 잊어서는 안 된다.

큰배추흰나비는 때때로 '여행 나비'라고 묘사된다. 즉 이동성 곤충으로 먼 거리든 가까운 거리든 자주 자리를 옮기는데, 때로는 어마어마한 수가 모여 함께 날아가는 광경을 볼 수 있다. 기주식물이 널려 있어 여행 끝에 도착한 그 어느 곳에서라도 정착할 수 있다.

봄에 우리 주위를 날아다니는 흰색 나비 중 대부분이 흰나빗과로 여기에는 무수히 많은 종이 소속되어 있다. 날개 색은 노르스름하거나 멧노랑나비(175쪽 참조)처럼 완전히 노란빛을 띠기도 한다.

큰배추흰나비의 먹이는 무엇일까?
애벌레: 배추, 무 등 다양한 종류의 십자화과
나비: 꽃꿀, 다른 식물의 잎
큰배추흰나비의 천적은 무엇일까?
식충성 새, 거미, 도마뱀, 사마귀, 땅벌류

불칸멋쟁이나비의 먹이는 무엇일까?

식물 잎(특히 쐐기풀), 꽃꿀

불칸멋쟁이나비의 천적은 무엇일까?

식충성 새, 거미, 도마뱀, 사마귀, 땅벌류

불칸멋쟁이나비

Vanessa atalanta

많은 나비가 신화 속 신의 이름을 갖고 있다. 고대 로마 신화 속 불의 신 불카누스의 이름을 가진 불칸멋쟁이나비처럼 말이다. 나비는 곤충학자(곤충 전문가)를 포함해 아주 오래 전부터 사람들에게 가장 사랑받는 곤충 중 하나였다. 그래서 나비는 고귀하고 위엄 있는 이름을 가질 권리를 얻었고, 파리와 노린재는 기회를 갖지 못했다.

불칸멋쟁이나비의 날개는 강렬한 빨간색으로 마치 불타오르는 것처럼 보인다. 유럽 남쪽 지방에서는 이 색깔이 꽤나 이른 시기에 눈에 띈다. 은신처에 숨어 겨울을 보낸 성충이 밖으로 나오는 때이기 때문이다. 하지만 유럽 북쪽 지역에서는 북아프리카에서 여행을 끝마치고 돌아온 첫 불칸멋쟁이나비를 보려면 4월까지 기다려야만 한다. 새로운 세대를 낳으면 그 후손들은 부모 세대가 여행한 길을 거슬러 이동한다. 새들은 동일한 개체가 왕복을 하지만, 곤충은 성충의 삶이 짧기 때문에 그러지 못한다.

불칸멋쟁이나비는 특정 식물에 생존이 달려 있는 나비 중 하나로,
특히 애벌레가 성장하는 장소인 쐐기풀과 깊은 관계를 맺고 있다.
쐐기풀이 없다면 알을 낳을 수 있는 차선책이
거의 없다고 보면 된다.

불칸멋쟁이나비는 특정 식물에 생존이 달려 있는 나비 중 하나로, 특히 애벌레가 성장하는 장소인 쐐기풀과 깊은 관계를 맺고 있다. 쐐기풀이 없다면 알을 낳을 수 있는 차선책이 거의 없다고 보면 된다. 가시가 있지만 공격적이지 않은 검은색 애벌레는 봄에 이파리 아래나 줄기 중심에 조금만 주의를 기울이면 바로 발견할 수 있다. 알에서 번데기를 거쳐 나비 성충으로 성장하기까지 걸리는 시간은 대략 두 달이다. 성충은 이동을 위해 영양분을 비축하고 남쪽으로 떠나 아프리카 서북부 지역에 도착해서는 그곳에서도 마찬가지로 알을 낳을 쐐기풀을 찾는다. 쐐기풀과 꿀샘을 가진 꽃이 정원에 있다면 이 커다란 나비를 맞이하기 더욱 쉬울 것이다.

작은멋쟁이나비의 먹이는 무엇일까?

나비: 꽃꿀(토끼풀, 개자리속, 엉겅퀴, 병꽃나무속),
애벌레: 식물 특히 엉겅퀴, 때때로 쐐기풀

작은멋쟁이나비의 천적은 무엇일까?

식충성 새, 거미, 도마뱀, 사마귀, 땅벌류

작은멋쟁이나비

Vanessa cardui

작은멋쟁이나비는 전 세계에서 알려진 이동성 곤충 중 가장 크기가 큰 종류에 속한다. 또한 뛰어난 비행 능력 덕분에 거의 전 세계를 돌아다닐 수 있다. 한 개체가 5000킬로미터를 주파할 수 있어, 예를 들면 프랑스부터 세네갈까지 비행할 수 있다. 다른 이동성 곤충들처럼 되돌아오는 것은 그 후손들이다. 작은멋쟁이나비는 새들처럼 땅의 지형과 지구 자기장을 따른다. 비행 시기는 일반적으로 그들의 비행을 도울 바람에 달려 있다.

작은멋쟁이나비는 아프리카에 도착해서 그들의 기주식물, 즉 애벌레가 먹고 자랄 식물을 찾는다. 그 식물은 주로 엉겅퀴나 우엉 같은 국화과다. 암컷 작은멋쟁이나비는 쐐기풀, 접시꽃 그리고 일부 다른 식물 위에 알을 낳는다. 작은멋쟁이나비는 특히 엉겅퀴와 관계가 깊어 학명의 일부가 엉겅퀴의 학명인 *carduus*에서 따온 *cardui*다.

엉겅퀴와 쐐기풀이 자라는 황무지는 아직까지 정원에서
잘 받아들여지지 않는 존재지만, 이런 미개간지는
작은멋쟁이나비를 불러들이기 좋은 장소다.

봄에 정원에서 작은멋쟁이나비를 만난다면 아프리카부터의 여행을 끝냈거나 더 북쪽으로 여행을 계속하기 전에 영양을 보충하는 개체일 것이다. 작은멋쟁이나비를 자세히 관찰하다 보면 색깔이 약간 바래고, 선명하지 않다는 걸 알아차리게 된다. 이동하는 동안 날개의 색깔을 형성하는 작은 껍질의 일부가 떨어져 나가기 때문이다. 성충의 수명은 약 한 달이지만, 멀리 이동하고서 알을 낳고 죽기에 충분한 시간이다.

엉겅퀴와 쐐기풀이 자라는 황무지는 아직까지 정원에서 잘 받아들여지지 않는 존재지만, 이런 미개간지는 작은멋쟁이나비를 불러들이기 좋은 장소다. 그곳에서 작은멋쟁이나비는 야생 꽃의 꽃꿀과 애벌레를 낳을 식물을 찾는다.

산네발나비(악마로베르나비)

Polygonia c-album

이 나비의 이름의 유래를 알기 위해선 이들의 특유한 형태와 색깔에서 기인한 여러 이야기를 참조해야만 한다. 악마 로베르는 중세 시대를 배경으로 한 전설에 등장하는 인물이지만, 이 나비의 이름에 포함된 '악마'는 불규칙하게 잡아 뜯긴 날개 모양과 불에 타는 듯한 색깔을 표현하는 것이다. 아니면 날개를 접었을 때 보이는 하얀색 눈을 가진 악마의 옆모습을 가리키는 것일 수도 있다. 이 눈은 흰색 'C' 모양으로, 라틴어로 '하얀색 C'라는 뜻의 산네발나비 학명 *c-album*에 그대로 반영되어 있다. 하지만 날개를 접었을 때 가장 돋보이는 것은 윤곽선이 들쭉날쭉한 낙엽을 닮은 산네발나비의 생김새다. 만약 산네발나비가 어딘가에 앉아 움직이지 않는다면 그 존재를 알아차리기란 거의 불가능하다. 덕분에 이들은 천적에게 들키지 않고 겨울을 날 수 있다.

숲과 경계가 닿아 있거나 울타리를 쳐 놓은
커다란 정원에 쐐기풀을 내버려 두면,
그곳에서 그들을 종종 발견할 수 있다.

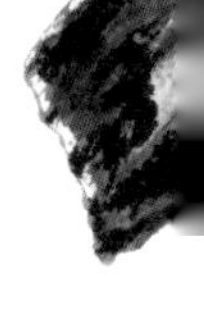

다른 나비들처럼 산네발나비도 성충으로 겨울을 난다(물론 알, 애벌레, 번데기 형태로 겨울을 나는 종도 많다). 따라서 산네발나비는 봄이 오고 가장 먼저 날아오르는 곤충들 중 하나다. 먹이에 관해서는 입맛이 까다로운 다른 애벌레들과 달리 이들의 애벌레는 개암나무나 라즈베리의 이파리를 곧잘 먹으며, 쐐기풀을 가장 좋아한다. 따라서 숲과 경계가 닿아 있거나 울타리를 쳐 놓은 커다란 정원에 쐐기풀을 놓아두면, 이 풀을 좋아하는 수많은 나비들과 함께 산네발나비도 불러들일 수 있다.

여름에 나타나는 두 번째 세대의 성충은 가을에 늦게까지 피어 있는 꽃 위, 농익어 땅에 떨어진 과일 위에서 쉽게 관찰할 수 있다. 산네발나비는 이렇게 식량을 비축한 다음 몸을 숨기고 움직이지 않은 채 겨울을 난다.

산네발나비의 먹이는 무엇일까?

나비: 꽃꿀(엉겅퀴속, 등골나무속), 버들강아지
애벌레: 다양한 식물

산네발나비의 천적은 무엇일까?

식충성 새, 거미, 도마뱀, 사마귀, 땅벌류

쐐기풀나비의 먹이는 무엇일까?

나비: 꽃꿀
애벌레: 쐐기풀

쐐기풀나비의 천적은 무엇일까?

식충성 새, 거미, 도마뱀, 사마귀, 땅벌류

쐐기풀나비

Aglais urticae

날개에 있는 귀갑 모양 그림에서 착안해 '작은거북나비'라는 프랑스 이름이 붙은 이 나비의 학명에서, 종 이름인 *urticae*는 애벌레가 먹고 자라는 식물인 쐐기풀과의 쐐기풀에서 따온 것이다. 진화 과정에서 곤충과 점차 긴밀한 관계로 발전한 기주식물을 이런 식으로 드러내기도 한다. 쐐기풀나비는 쐐기풀 의존도가 높은 편으로, 이 식물 없이는 알을 낳지 못할 정도다. 가끔은 정원 공간 중 일부를 방치하라는 조언을 따라야 하는 이유다. 수많은 곤충이 이런 장소를 선호하는 것은 물론이고 생존에도 필수적인 식물을 찾아낸다. 애벌레는 이 식물을 갉아 먹고, 이 식물에서 성장하며, 번데기 기간 동안 이 식물에 매달려 있기도 한다.

쐐기풀나비는 정원에 불러들이기
쉬운 나비로 성충은 꽃꿀이 가득한 야생화,
애벌레는 쐐기풀만 있으면 된다.

쐐기풀나비의 날개 아랫부분은 윗부분과 달리 매우 어두워서 속이 빈 나무나 틈 사이, 때때로 건물 또는 정원 창고 같은 은신처에서 위장한 채 겨울을 날 수 있다. 따라서 봄 소식과 함께 가장 먼저 만날 수 있는 곤충이 바로 쐐기풀나비 성충이다. 쐐기풀나비가 쐐기풀 위에 알을 낳으면 그다음 겨울을 나는 건 다음 세대, 심지어는 그다음 세대 후손들일 것이다. 쐐기풀나비는 지역과 기후 조건에 따라 1년에 2~3세대를 낳는다.

쐐기풀나비는 정원에 불러들이기 쉬운 나비로 성충은 꽃꿀이 가득한 야생화, 애벌레는 쐐기풀만 있으면 된다. 상자 형태로 보금자리를 몇 개 설치해 두면 이 빈 공간에 쐐기풀나비가 들어가 겨울을 날 수 있다.

공작나비

Aglais io

공작나비는 최근에 발견된 크고 '아름다운'(주관적이지만) 나비로 우리 곁, 심지어 도시에서도 볼 수 있다. 인간이 땅을 개발하는 방식이 아직 곤충의 다양성을 존중하는 방향으로 이뤄진다고는 할 수 없지만, 그럼에도 일부 곤충이 살아갈 수 있는 환경을 제공하기도 한다. 이런 곤충들 중 공작나비는 생활환경과 꿀을 모을 꽃을 선택하는 취향이 까다롭지 않은 편이다. 또한 이 나비는 어느 정도 이동성 곤충의 습성을 갖고 있어서 쉽게 이 지역에서 저 지역으로 날아다니며 심지어는 국가를 넘나들기도 한다. 정원이 공작나비를 맞이하기에 적합하지 않더라도, 꽃꿀을 채취할 수 있는 원예 및 관상용 식물이 있다면 그것만으로도 충분하다.

정원이 공작나비를 맞이하기에 적합하지 않더라도,
꽃꿀을 채취할 수 있는 원예 및 관상용 식물이 있다면
그것만으로도 충분하다.

하지만 공작나비가 자신의 주요 기주식물인 쐐기풀을 찾을 수 있는 환경이어야 한다. 실제로 공작나비 애벌레는 특히 쐐기풀과 관계가 깊다. 홉과 개물통이속 식물 외에는 공작나비 애벌레를 받아 줄 수 있는 식물이 거의 없다. 알을 낳기 전 공작나비는 사람이 사는 건물과 같은 은신처에 숨어 날개를 접은 채 움직이지 않고, 먹이도 먹지 않으며 휴면기에 들어가 겨울을 난다. 이때 매우 어두운 색에 나무껍질 또는 거무스름한 낡은 벽을 닮은 문양이 그려져 있는 날개의 아랫면이 드러나는데, 덕분에 수개월을 위장한 채 살 수 있다.

봄에는 밖으로 나와 수백 개의 알을 낳는다. 애벌레는 몇 주 만에 자라 번데기로 탈피한 후 약 2주 동안 움직이지 않는다. 성충은 수 주 동안 날면서 쐐기풀나비(169쪽 참조)처럼 조건(날씨, 먹이 등)에 따라 연간 2～3세대를 낳는다.

눈꼴무늬eyespot라고 불리는 날개 위의 커다란 '눈'은 천적들의 경계심을 높인다. 실제로 날개를 펴면 나타나는 커다란 두 눈은 고양이나 맹금류 같은 커다란 동물 얼굴 같은 형상을 만들어 낸다.

공작나비의 먹이는 무엇일까?

나비: 꽃꿀(호랑버들, 부들레야, 민들레, 마조람, 딱총나무, 카나비늄등골나물, 제비꽃, 토끼풀)
애벌레: 쐐기풀

공작나비의 천적은 무엇일까?

식충성 새, 거미, 도마뱀, 사마귀, 땅벌류

연푸른부전나비

Polyommatus icarus

날개가 이처럼 푸르다면 수컷이다! 암컷은 일반적으로 밤색이며 날개 아랫부분에 작은 주황색 반점으로 이뤄진 띠무늬가 있다. 청금석 또는 하늘색을 띠고 있어 대체로 이름에 '푸른'이라는 단어가 들어가는 작은 낮나비류 곤충 대부분이 이러하다. 연푸른부전나비가 여기저기 파닥거리며 날아다닐 때, 정원에서 반짝거리는 하늘색을 무심하게 보고 넘어갈 수 있는 사람은 거의 없을 것이다. 그러나 이 나비를 만나려면 적어도 안락하고 생물 다양성이 풍부한 환경을 갖춘 정원이 있어야 한다.

실제로 이 나비는 환경 면에서 매우 까다로운 편이다. 일단 콩과 식물, 오노니스속 식물, 토끼풀, 자주개자리, 완두 등이 필요하다. 애벌레는 이 식물들만 먹는다. 다음으로 가능하다면 고동털개미(134쪽 참조) 같은 특정 개미의 도움이 필요하다.

자주개자리, 토끼풀 그리고 개미가 너무 바짝 깎은 잔디를 좋아하지 않기 때문에, 알을 낳고 성장하는 데 두 식물과 개미가 필요한 연푸른부전나비는 말할 필요도 없다.

같은 과의 수많은 다른 나비처럼 연푸른부전나비의 애벌레는 이 개미들과 상리공생 관계를 유지한다. 애벌레가 당분이 풍부한 점액을 분비하면, 이 감로를 몹시 좋아하는 개미는 그 대가로 애벌레를 보호해 준다. 애벌레는 식물 위에서 보호받거나 개미굴로 옮겨져 그곳에서 먹이를 받아먹는다. 땅에서 번데기로 변하면 때때로 개미들이 그 위로 흙을 덮어 주기도 한다.

연푸른부전나비는 정원을 포함한 이곳저곳에서 쉽게 볼 수 있는 편이지만, 사람의 손을 타지 않은 환경을 필요로 하기 때문에 너무 관리가 잘되어 있는 정원이라면 그 주변부에서나 모습을 드러낸다. 자주개자리, 토끼풀 그리고 개미가 너무 바짝 깎은 잔디를 좋아하지 않기 때문에, 알을 낳고 성장하는 데 두 식물과 개미가 필요한 연푸른부전나비는 말할 필요도 없다. 성충이 이런 장소를 지나갈 수는 있지만, 자신들의 특정 생활 조건에 맞지 않으므로 그냥 떠나갈 것이다.

연푸른부전나비의 먹이는 무엇일까?

나비: 타임, 민트, 오레가노, 체꽃속, 비름속, 꽃꿀
애벌레: 토끼풀, 자주개자리, 오노니스속

연푸른부전나비의 천적은 무엇일까?

식충성 새, 거미, 도마뱀, 사마귀, 땅벌류

멧노랑나비의 먹이는 무엇일까?

나비: 국화과 꽃꿀
애벌레: 갈매나뭇과 식물(양갈매나무, 아마갈매나무)

멧노랑나비의 천적은 무엇일까?

식충성 새, 거미, 도마뱀, 사마귀, 땅벌류

멧노랑나비

Gonepteryx rhamni

멧노랑나비의 색깔이 무언지 말하자면 아마 레몬색이나 연두색일 것이다. 겉보기에는 전체적으로, 특히 날개 윗부분이 노란색이고 우리 주변을 날아다닐 때도 그렇게 보이지만 날개 아랫부분은 연둣빛을 띤다. 날개의 시맥 덕분에 나뭇잎과 흡사해 보이는 외형은 주로 송악이나 블랙베리나무처럼 초록 잎이 무성한 은신처에 몸을 위장한 채 겨울을 나게 해 준다. 멧노랑나비는 한겨울에 눈이나 성에에 뒤덮인 채로도 살아남을 수 있다. 다른 곤충들처럼 멧노랑나비도 빈 나무, 바위틈 또는 동굴처럼 보다 폐쇄된 거처를 찾을 수도 있지만, 대부분은 나뭇잎 사이에 모여 지낸다. 추위에 강한 멧노랑나비의 생리적 성질과 위장술 덕분에 가능한 일이다.

봄이 오면 이들은 양갈매나무나 아마갈매나무 같은
갈매나뭇과 식물 위에 알을 낳는다.
이 식물들은 보통 습한 장소와 숲 가장자리에서 자라는데,
이곳에서 멧노랑나비를 자주 만나 볼 수 있다.

따라서 멧노랑나비는 다른 곤충들과 마찬가지로 성충으로 겨울을 나지만, 1년에 단 한 세대만을 낳는 특징을 갖는다. 여름에 나타나는 멧노랑나비 성충은 약 10개월을 사는데, 이는 성충 나비 중에서는 기록적인 수명이다. 겨울에도 날씨가 좋으면 멧노랑나비는 밖으로 나와 물을 마시기도 한다. 봄이 오면 이들은 양갈매나무나 아마갈매나무 같은 갈매나뭇과 식물 위에 알을 낳는다. 이 식물들은 보통 습한 장소와 숲 가장자리에서 자라는데, 이곳에서 멧노랑나비를 자주 만나 볼 수 있다. 알을 낳기 전에는 정원을 방문해 꽃꿀을 찾기도 한다.

멧노랑나비는 주변 숲에 모여 이동하는 다른 멧노랑나비와 합류해 그들의 기주식물이 서식하는 습한 지역을 향해 날아간다. 여행의 강도와 거리는 해에 따라 다르며 환경의 영향을 받는다.

얼룩무늬그늘나비

Pararge aegeria

얼룩무늬그늘나비는 정원에서 익숙하게 볼 수 있는 친구로, 특히 숲과 멀지 않은 곳에 위치한 정원에서 자주 목격된다. 얼룩무늬그늘나비가 비교적 습한 숲 가장자리, 숲길, 숲속 공터를 몹시 좋아하기 때문이다. 정원의 울타리를 따라 날아다니는 얼룩무늬그늘나비를 목격한다면, 암컷을 찾아다니는 수컷일 확률이 높다. 때때로 수컷이 햇빛이 가득 내리는 영역을 지킬 때가 있는데, 날개를 접고 내려앉아 암컷이 그곳을 지나가기를 기다리는 것이다. 얼룩무늬그늘나비 암컷은 한 수컷과만 짝짓기를 하지만 수컷은 여러 암컷과 짝을 맺는다. 수컷은 자신의 짝에게 정액과 단백질과 지질이 풍부한 분비물이 담긴 일종의 캡슐인 정포를 주입하는데, 이 캡슐은 암컷이 알을 생성하고 비행하고 특히 알을 낳는 데 필요한 에너지를 공급한다.

얼룩무늬그늘나비는 정원에서 익숙하게 볼 수 있는 친구다.
특히 숲과 멀지 않은 곳에 위치한 정원에서 자주 목격된다.
얼룩무늬그늘나비가 비교적 습한 숲 가장자리,
숲길, 숲속 공터를 몹시 좋아하기 때문이다.

일단 짝짓기를 하고 나면 암컷은 거의 모든 나비들이 그러하듯 애벌레를 위한 식물을 찾아 나선다. 진화 과정을 거치며 나비는 특정 식물과 관계를 맺게 되었는데, 얼룩무늬그늘나비는 구주개밀 및 흔히 '풀'이라고 불리는 볏과의 다른 식물과 밀접하게 연결되었다. 얼룩무늬그늘나비의 초록색 애벌레는 번데기가 될 때까지 이들 식물에서 자라고 이 상태로 봄까지 머무르는데, 때로는 애벌레인 채로 겨울을 나기도 한다. 그러므로 이듬해에 나비들은 동시가 아니라 서로 다른 시기에 나타나게 된다.

보통 유럽 북쪽에 사는 얼룩무늬그늘나비일수록 몸집이 더 커다랗고 색상도 더 짙은데, 특히 보다 긴 날개로 햇빛을 훨씬 많이 흡수해 몸을 데운다. 나비의 날개는 작은 비늘로 이뤄져 있어 체온을 조절해 주고, 이성의 눈에 잘 들게 하며, 위장할 때도 쓰인다.

얼룩무늬그늘나비의 먹이는 무엇일까?

나비: 꽃꿀
애벌레: 구주개밀과 볏과의 다른 풀들

얼룩무늬그늘나비의 천적은 무엇일까?

식충성 새, 거미, 도마뱀, 사마귀, 땅벌류

끝노랑갈고리흰나비

Anthocharis cardamines

옆의 그림은 수컷 끝노랑갈고리흰나비다. 의심할 여지도 없다. 암컷은 하얀색에 가장자리가 검은색이다. 암컷 끝노랑갈고리흰나비에게서는 새벽 해가 발산하는 이 주홍빛을 볼 수 없다. 큰배추흰나비(160쪽 참조)를 비롯해 보통 흰나빗과에 속하는 하얀색 나비들은 봄이면 이곳저곳을 날아다니는데, 그 사이에서 끝노랑갈고리흰나비 암컷을 알아보기란 쉽지 않다. 하지만 움직이지 않고 가만히 있을 때 보이는 암컷과 수컷의 날개 아랫부분이 다르지 않고, 뒷날개는 마치 대리석 무늬 같아 약간 지의류 같기도 하다. 그러므로 포식자가 끝노랑갈고리흰나비를 알아차리기는 어렵다.

수컷은 햇빛이 내리는 숲 근처나 가장자리에 머무는 경향이 있는 반면,
암컷은 꽃꿀을 모을 야생화가 풍부한 초원을 자주 드나든다.
애벌레를 먹여 살리기 위해서다.

수컷은 햇빛이 내리는 숲 근처나 가장자리에 머무는 경향이 있는 반면, 암컷은 꽃꿀을 모을 야생화가 풍부한 초원을 자주 드나든다. 애벌레를 먹여 살리기 위해서다. 주로 황새냉이속, 마늘냉이속, 들갓 등 십자화과 식물들을 찾는다. 끝노랑갈고리흰나비 암컷은 어린 꽃 위에 알을 낳는데, 알 특유의 냄새 때문에 다른 암컷들은 같은 장소에 알을 낳지 않는다. 먼저 부화한 어린 유충이 경쟁하게 될 다른 알을 먹어 치우기 때문이다.

다 자란 애벌레는 식물 아래쪽으로 내려와 줄기에 몸을 고정해 번데기가 된다. 이 번데기는 식물과 닮은 만큼 찾아내기가 거의 불가능하다. 끝노랑갈고리흰나비는 이렇게 번데기인 채로 움직이지도 않고 먹지도 않은 채 깊은 휴면기에 들어가 겨울을 난다.

끝노랑갈고리흰나비는 1년에 단 한 번만 번식하고 대략 3월에서 7월까지 날아다닌다. 이들은 정원에 수시로 출몰하는데, 꽃꿀을 모으기 위해 잠시 들르거나 겨울에도 정원 한 켠에 관리하지 않고 제멋대로 자라게 둔 풀밭이 있다면 알을 낳으러 찾아온다.

끝노랑갈고리흰나비의 먹이는 무엇일까?

나비: 꽃꿀
애벌레: 십자화과, 특히 황새냉이속, 마늘냉이속, 들갓

끝노랑갈고리흰나비의 천적은 무엇일까?

식충성 새, 거미, 도마뱀, 사마귀, 땅벌류

터리풀육점알락나방의 먹이는 무엇일까?

꽃꿀, 터리풀속 식물(장미과)
콩과(토끼풀, 벌노랑이)

터리풀육점알락나방의 천적은 무엇일까?

새, 도마뱀, 땅벌류

터리풀육점알락나방

Zygaena filipendulae

터리풀육점알락나방은 색깔과 형태로만 눈길을 사로잡을 뿐만 아니라 6개의 빨간 점으로 정체를 드러낸다. 영국인들은 터리풀육점알락나방을 '여섯점박이알락나방six-spot burnet'이라고 부른다. 때때로 점이 5개만 보일 때도 있는데, 각 날개에서 2개의 점이 하나로 합쳐져서 그렇다. 실제로 모든 나방(모든 곤충)은 자신만의 특성을 갖고 있어 특별하다. 인간처럼 같은 종 내에서도 차이가 존재하는데, 특히 크기와 문양이 다르다. 터리풀육점알락나방을 가까이에서 관찰하며 각 개체를 비교하다가 그 어떤 생물도 완전히 똑같지 않다는 사실을 확인하는 순간, 그들의 개성에 푹 빠지는 것도 무리는 아니다. 별노린재(16쪽 참조)에게서도 쉽게 확인할 수 있는 부분으로, 우리처럼 각 개체가 모두 다르다.

실제로 터리풀육점알락나방은
강력한 독성을 갖고 있어서, 방해를 받으면
시안화물을 포함한 독액을 분비한다.

터리풀육점알락나방은 색깔 또한 특이하다. 이런 색을 경고색이라고 하는데, 다시 말해 포식자가 물러나게 만드는 위협 신호다. 무당벌레(82, 85쪽 참조), 별노린재(16쪽 참조), 핏빛거품벌레(33쪽 참조)를 비롯한 수많은 곤충의 빨간색 점은 포식자들에게 먹을 만한 것이 아니라는 신호를 보낸다. 실제로 터리풀육점알락나방은 강력한 독성을 갖고 있어서, 방해를 받으면 시안화물을 포함한 독액을 분비한다.

이름에서도 알 수 있듯, 터리풀육점알락나방 성충은 터리풀속(장미과)이나 토끼풀, 또는 벌노랑이 같은 콩과 식물 위에 알을 낳는다. 성충은 해가 쨍쨍한 날에 수많은 야생화에서 꽃꿀을 모은다. 이들은 '나방'이라고 불리지만 낮 동안 날아다닌다. 하지만 꼬리박각시(155쪽 참조)를 비롯한 수많은 '밤나비' 또한 낮 동안 날아다니기 때문에 이러한 명칭은 그다지 정확하다고 할 수 없다.

검붉은무늬불나방의 먹이는 무엇일까?

나방: 꽃꿀
애벌레: 다양한 식물

검붉은무늬불나방의 천적은 무엇일까?

새, 도마뱀, 땅벌류

검붉은무늬불나방

Euplagia quadripunctaria

여름 그리스 로도스섬에는 수백만 마리의 검붉은무늬불나방이 모인다. 좀 더 정확히 말하자면 나비 계곡에 모이는데, 이 장소가 시원해서 무더위로부터 몸을 피하기에 좋기 때문이다. 이 특별한 볼거리를 위한 여행 상품까지 있을 정도인데, 이 모든 건 어느 정도 검붉은무늬불나방이 사람을 무서워하지 않기 때문에 가능하다. 그러나 이들이 바위나 나무에 미동도 없이 앉아 있을 때는 앞날개의 보호색(환경과 같은 색깔)으로 위장을 하기 때문에 거의 보이지 않는다. 때때로 날개를 반쯤 열고 안쪽 날개의 붉은색을 드러내기도 하는데, 모습이 노출되자마자 급히 날개를 여는 이유는 빨간색으로 일부 포식자를 교란하기 위해서다.

성충이 돼서 짝짓기를 하고 나면 암컷은 알을 낳기 위해
쐐기풀을 비롯한 다양한 야생 식물을 찾는데 때로는 인동덩굴,
개암나무, 라즈베리 등을 선택하기도 한다.

검붉은무늬불나방은 대표적인 여름 나방으로, 태어나고 약 1년여가 되는 시기인 6월 또는 7월 전에는 번데기에서 나오지 않는다. 애벌레는 8월이나 9월에 부화해 은신처에서 겨울을 지낸다. 봄에는 휴면기에서 깨어나 성장을 계속해 5월쯤에 번데기 상태로 몸을 고정한다. 성충이 돼서 짝짓기를 하고 나면 암컷은 알을 낳기 위해 쐐기풀을 비롯한 다양한 야생 식물을 찾는데 때로는 인동덩굴, 개암나무, 라즈베리 등을 선택하기도 한다.

성충은 엉겅퀴 같은 잡초가 무성하게 자란 미개간지 또는 황무지의 다양한 꽃에서 꽃꿀을 모은다. 다른 나비들처럼 검붉은무늬불나방 또한 이동성 곤충으로 종종 지역과 나라를 넘나든다.

노부인밤나방

Mormo maura

노부인밤나방은 칙칙한 색깔과 '낮' 나비보다 초라한 모습을 한 전형적인 '밤' 나방이다. 그러나 프랑스에 약 5000종이 존재하는 나방 중 많은 수가 매우 알록달록하고 다양한 형태를 갖고 있다. 전문가들은 활동하는 시간대에 따라 '밤' 나방인지 '낮' 나비인지 구분하는 일에 의미를 두지 않는다. 수많은 '밤' 나방이 낮 동안 날아다니기 때문이다. 그러므로 전문가들은 더듬이의 형태로 구분하는 방법을 선호한다. 끝이 곤봉형이면 '낮나비류'라고 하는데, 약 250여 종으로 그 수가 많지 않다. 노부인밤나방을 포함한 나머지는 여러 형태의 더듬이를 달고 있는 '밤나방'류다.

겨울이 지난 후에는 오리나무나 버드나무 등의 잎사귀를 먹으러 나무를 오르기도 한다. 노부인밤나방의 터전에서 가까운 정원이라면 이들의 모습을 볼 수도 있다.

노부인밤나방이 속해 있는 밤나방과*Noctuidae*는 규모가 큰 과로 800종 이상이 지역과 생활환경에 따라 여기저기서 우리 주변을 날아다닌다. 노부인밤나방의 생활환경은 강을 낀 계곡이나 초원, 개울처럼 습한 편이다. 암컷은 그곳에서 쉽게 애벌레에게 먹일 야생 참소리쟁이, 개쑥갓을 포함한 민들레의 사촌 격 식물들을 찾는다. 겨울이 지난 후에는 오리나무나 버드나무 등의 잎사귀를 먹으러 나무를 오르기도 한다. 노부인밤나방의 터전에서 가까운 정원이라면 이들의 모습을 볼 수도 있지만, 야행성이어서 낮에는 하천의 다리 밑 같은 곳에 숨어 지낸다. 게다가 노부인밤나방의 색과 무늬가 주변 환경과 뒤섞여 모습을 숨겨 주기 때문에 그들의 존재를 알아차리기란 쉽지 않다.

노부인밤나방 성충은 여름 곤충으로서, 송진이나 다양한 당분이 든 분비물 등 여러 즙을 빨아 먹고 산다.

노부인밤나방의 먹이는 무엇일까?

성충: 송진이나 당분이 들어 있는 다양한 분비물 등의 여러 즙

애벌레: 참소리쟁이, 민들레 개쑥갓 등 야생식물

노부인밤나방의 천적은 무엇일까?

박쥐, 야행성 맹금류, 거미, 참새목

거세미나방의 먹이는 무엇일까?
성충: 꽃꿀
애벌레: 사탕무, 곡류, 감자, 야생 식물
거세미나방의 천적은 무엇일까?
박쥐, 야행성 맹금류, 거미, 참새목

거세미나방

Agrotis segetum

노부인밤나방(184쪽 참조)의 친척 격인 거세미나방은 수많은 종이 속해 있는 밤나방과의 곤충이다. 거세미나방의 환경 순응성과 적응성, 장거리를 이동할 수 있는 능력에 인간이 물자를 수송하는 상황이 맞물리면서 유럽, 아프리카, 아시아 대륙 전역에서 이들을 쉽게 볼 수 있게 되었다. 실제로 거세미나방은 농작물을 운반할 때 함께 붙어 올 수 있다. 일부가 비트나 곡류 또는 감자에 알을 낳기 때문이다. 일종의 커다란 '회색 애벌레'인 거세미나방 애벌레는 이 농작물들을 비롯해 아주 다양한 식물들을 먹어 치운다. 이는 입맛이 매우 까다로운 일부 다른 애벌레를 생각하면 매우 드문 경우다.

성충은 꽃꿀을 모으면서 밤에만 꽃이 피는
일부 야행성 식물의 수분 활동에 참여한다.
또한 거세미나방의 애벌레와 번데기는
새나 고슴도치가 좋아하는 먹이다.

거세미나방 애벌레는 잎사귀, 줄기 밑동, 때로는 뿌리를 턱으로 잘게 잘라 먹는다. 이들은 키가 작은 식물을 좋아하고 감자나 다른 뿌리채소의 덩이줄기를 갉아 먹으러 자주 땅속으로 내려간다. 수가 너무 늘어나면 일부 영농업자 및 정원사들은 거세미나방 애벌레의 천적을 들여오고 싶어 한다. 거세미나방 애벌레가 생활하는 구역 근처를 곤충을 잡아먹는 동물이나 기생충이 좋아하는 환경으로 조성해 그곳에 자리 잡을 수 있도록 하는 것도 하나의 방법이다.

성충은 꽃꿀을 모으면서 밤에만 꽃이 피는 일부 야행성 식물의 수분 활동에 참여한다. 또한 거세미나방의 애벌레와 번데기는 새나 고슴도치가 좋아하는 먹이다. 정원에서 작물을 번갈아 가며 재배하거나, 재배 작물을 다양화하거나, 주변을 개간하지 않고 내버려 두는 방법으로 거세미나방의 수를 제한할 수도 있지만, 별이 총총히 수놓인 밤 시간에 활기를 불어넣는 이 나방의 존재를 기쁘게 받아들여도 좋지 않을까.

딱총나무제비가지나방

Ourapteryx sambucaria

또 다시 이름이 특정 식물과 관련이 있는 나방이다. 암컷 딱총나무제비가지나방은 해당 식물 위에 주로 알을 낳고, 알에서 나온 애벌레는 곧바로 이 식물을 먹으며 자란다. 진화 과정을 통해 수많은 나비와 나방이 특정 식물과 특별한 관계를 맺었으므로, 해당 식물의 존재가 관계된 나비 및 나방의 생존과 직결된다. 따라서 정원에 다양한 식물이 있을수록 나비와 나방을 포함해 더 다양한 곤충을 불러들일 수 있다.

영국인들은 딱총나무제비가지나방을 '제비꼬리나방'이라고 부른다. 뒷날개의 길고 뾰족한 부분 때문이다. 프랑스를 대표하는 시인 알프레드 드 뮈세의 시에 "황금빛 가지나방, 우아한 움직임으로 향기로운 초원을 가로지르네"라는 구절이 있지만, 프랑스에서 이 나방의 이름을 아는 사람은 많지 않다. 이 커다란 가지나방은 여름 곤충으로 6월에서 7월 사이에만 관찰할 수 있다. 여름부터 그다음 봄까지는 알이나 애벌레 상태이다.

식물 종류가 다양하고 가을이나 겨울에 사람 손길이 많이 닿지 않는 정원에서는 이 커다란 딱총나무제비가지나방이 황혼 녘에 날아다니며 독특한 형태와 색깔로 사람들을 놀라게 한다.

아직 어린 애벌레는 보금자리로 삼은 식물, 주로 딱총나무나 담쟁이, 가시자두, 산사나무, 클레마티스 위에 숨어서 겨울을 난다. 헷갈릴 정도로 문양, 형태, 질감까지 밤색 나뭇가지와 닮았기 때문이다.

봄의 끝자락, 애벌레는 나뭇가지나 잎사귀 아래에 몸을 고정하고 잘게 자른 나뭇잎 조각을 실로 엮어 만든 고치 속에 몸을 숨긴다. 그 속에서 번데기는 완벽하게 위장되어 변태하는 시간을 번다. 식물 종류가 다양하고 가을이나 겨울에 사람 손길이 많이 닿지 않는 정원에서는 이 커다란 딱총나무제비가지나방이 황혼 녘에 날아다니며 독특한 형태와 색깔로 사람들을 놀라게 한다.

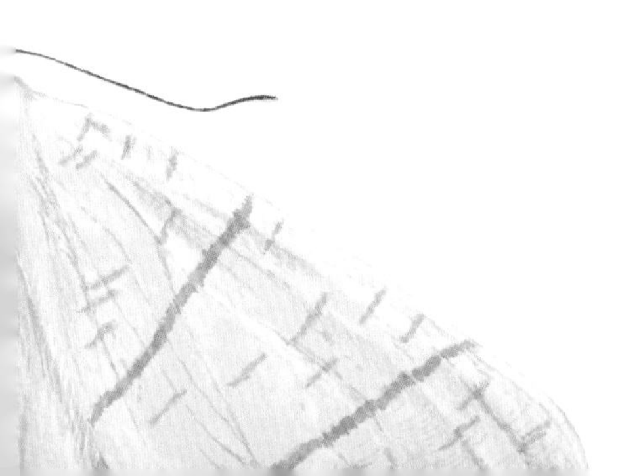

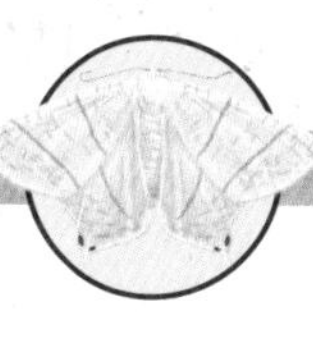

딱총나무제비가지나방의 먹이는 무엇일까?

애벌레: 다양한 식물(딱총나무, 산사나무, 클레마티스, 담쟁이), 가시자두 등

딱총나무제비가지나방의 천적은 무엇일까?

박쥐, 야행성 맹금류, 거미, 참새목

큰공작나방의 먹이는 무엇일까?

큰공작나방의 천적은 무엇일까?

성충: 먹지 않음
애벌레: 야생나무(산사나무, 가시자두, 서양물푸레나무)

박쥐, 야행성 맹금류, 거미, 참새목

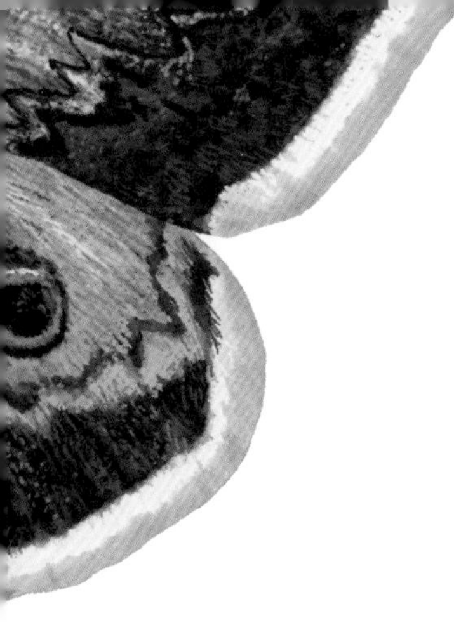

큰공작나방

Saturnia pyri

01 나방과 마주치는 순간은 일반적으로 잊지 못할 기억으로 남는다. 처음에는 그 크기에 압도당한다. 때때로 날개폭이 20센티미터에 이르는 큰공작나방은 유럽에서 가장 큰 나방이다. 다음으로는 이 나방의 형태와 색깔, 날개 위의 '눈'이 눈에 띈다. 이 '눈' 덕분에 포식자들은 이들을 올빼미나 고양이로 착각하고 꺼린다.

큰공작나방이 애벌레일 때는 커다란 크기, 초록색과 주황색 몸통, 청록색 돌기가 털처럼 온몸을 뒤덮고 있는 너무나 인상적인 모습이라 반응이 더 크게 엇갈릴 수 있다. 애벌레는 공격적이지 않고 정원의 과실수나 산사나무, 가시자두, 서양물푸레나무 등의 야생 나무와 같은 먹이 식물 위에서 산다. 몇 달 동안 잎사귀를 먹으면서 성장한 애벌레는 갈라진 나뭇가지 틈새나 다른 장소에서 절대로 눈에 띄지 않는 밤색 고치 안에 숨어 번데기 상태로 외부의 위협으로부터 애벌레를 잘 보호해 주며 거의 눈에 띄지 않는다. 번데기는 이 고치 속에서 여름을 피하고 다음 봄을 기다리는데, 때로는 2~3년 동안 머물기도 한다.

애벌레는 공격적이지 않고 정원의 과실수나 산사나무, 가시자두,
서양물푸레나무 등의 야생 나무와 같은 먹이 식물 위에서 산다.

반면 성충이 되고 나면 최대 1주일밖에 살지 못하는데, 그동안 암수가 만나 짝짓기를 하고 암컷은 알을 낳으러 간다. 성충이 된 큰공작나방은 긴 구기가 없어 먹이를 섭취하지 못하기 때문에 애벌레 때 비축해 놓은 영양분으로 살아간다. 냄새에 아주 민감한 더듬이를 가진 수컷은 냄새를 실마리로 암컷을 찾아 날아다니며, 한밤중에 수 킬로미터를 이동하기도 한다. 3월부터 6월 사이에 정원에서 큰공작나방을 만나 볼 수 있다. 도시 환경에 적응한 개체들은 밤 여행을 떠나기 전에 에너지를 아끼기 위해 정원에 내려앉아 있기도 한다.

흰깃털날개나방

Pterophorus pentadactyla

흰깃털날개나방은 털날개나방과*Pterophoridae*로, 학명에 포함된 *pterophorus*는 고대 그리스어로 '깃털을 가진'이라는 뜻이다. 실제로 흰깃털날개나방을 마주치면 나방의 날개라기보다는 깃털 모양의 날개를 가지고 있음을 알 수 있다. 모든 종이 하얗지는 않고 일부는 밤색이지만, 모두가 깃털 같은 날개를 가지고 있다.

정원에서 흰깃털날개나방을 만나기란 꽤 쉽다. 애벌레가 여기저기서 흔히 자라는 식물인 메꽃을 먹기 때문이다. 진화 과정에서 관계된 식물과 '공진화한' 나방의 또 다른 예다. 메꽃은 여기저기서 쉽게 볼 수 있지만 관리가 매우 잘된 정원에는 없을 수도 있는데, 이런 경우 흰깃털날개나방 또한 보기 어렵다. 훨씬 더 보기 힘든 식물에만 알을 낳는 다른 많은 나방들도 마찬가지로, 이러한 제약 때문에 나방들을 만나기가 점점 더 어려워지고 있다.

정원에서 흰깃털날개나방을 만나기란 꽤 쉽다.
애벌레가 여기저기서 흔히 자라는 식물인
메꽃을 먹기 때문이다.

그래도 일단 성충이 되고 나면 흰깃털날개나방은 풀이 무성하고, 사람의 손이 많이 닿지 않았으며, 가시덤불로 뒤덮인 장소를 좋아한다. 이런 환경에서는 흰깃털날개나방의 형태와 색깔이 주변에 잘 녹아들기 때문에 포식자나 풀에 사는 작은 벌레에 관심이 없는 사람은 이 나방의 존재를 알아차리기 어렵다. 흰깃털날개나방 애벌레는 초록색이라 잎사귀를 둘러 몸을 숨길 수 있으며, 과도하게 손질하지 않아 가시덤불이 남아 있는 장소라면 눈에 띄지 않은 채 겨울을 날 수 있다.

정원에 다양한 곤충을 불러들이기 위한 조언을 하나 하자면, 너무 가꾸지 말아야 한다. 봄이건 여름이건 가을이나 겨울처럼 수많은 곤충이 시든 식물의 줄기, 때로는 잎사귀에 보금자리를 만들어 살아가기 때문이다.

흰깃털날개나방의 먹이는 무엇일까?
애벌레: 식물, 주로 메꽃
흰깃털날개나방의 천적은 무엇일까?
박쥐, 야행성 맹금류, 거미, 참새목

비녀은무늬밤나방

Autographa gamma

그리스 문자 감마gamma는 알파벳 Y처럼 생겼는데, 이 나방의 날개 가운데 하얀색 무늬와 닮았다. 프랑스어로든 아니면 학명에서든 이 나방이 감마라고 불리는 이유가 바로 여기에 있다. 별다른 관심을 기울이지 않는다면 다른 야행성 나방들처럼 이 나방 역시 색깔도 무늬도 없는 것처럼 보일 수 있다. 그러나 가까이 다가가 보면 그 즉시 색색의 비늘이 촘촘히 박혀 무늬를 만들어 내는 비녀은무늬밤나방 날개의 신비로운 아름다움을 알아차릴 수 있다. 노부인밤나방(184쪽 참조)이나 거세미나방(187쪽 참조)처럼 비녀은무늬밤나방도 수백여 종을 포함하는 밤나방과에 속한다.

> 개체 수가 너무 불어나면 일부 정원사는
> 비녀은무늬밤나방의 광범위한 식성에
> 불만을 가지기도 한다.

개체 수가 너무 불어나면 일부 정원사는 비녀은무늬밤나방의 광범위한 식성에 불만을 가지기도 한다. 실제로 훨씬 식성이 까다로운 다른 나방들과 달리 이들의 애벌레는 200종 이상의 정말 많은 식물을 먹어 치운다. 게다가 비녀은무늬밤나방은 여건에 따라 1년에 두 번에서 네 번까지 알을 낳을 수 있다. 성충은 겨우 1~3주 가량만 살며, 이 기간 동안에는 낮에도 다양한 꽃에서 꽃꿀을 모으기 때문에 정원에서 꿀을 채취하기 위해 계속 날갯짓을 하는 비녀은무늬밤나방을 볼 수 있다.

이 시기에 비녀은무늬밤나방은 정기적으로 이동하며, 이 책에 소개된 일부를 포함한 다른 수많은 곤충과 마찬가지로 때로는 수백만 개체가 무리를 지어 함께 수백 킬로미터를 여행한다.

비녀은무늬밤나방의 먹이는 무엇일까?

비녀은무늬밤나방의 천적은 무엇일까?

성충: 꽃꿀
애벌레: 농작물을 포함한 식물 200여 종 이상

박쥐, 야행성 맹금류, 거미, 참새목

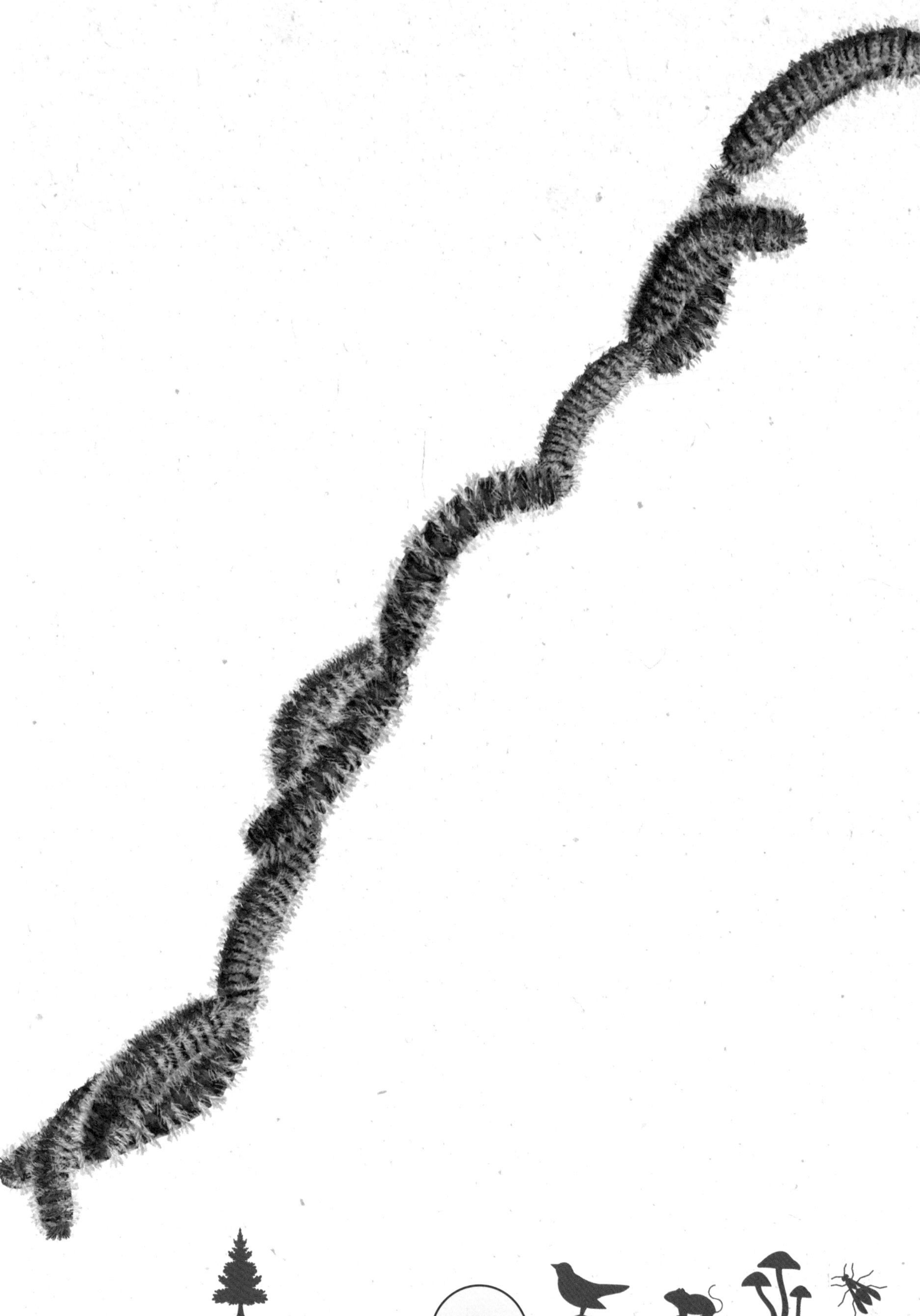

소나무행렬털나방의 먹이는 무엇일까?

다양한 소나무류 잎

소나무행렬털나방의 천적은 무엇일까?

박새, 균, 바이러스, 세균, 포식성 곤충들, 중복기생자, 새(뻐꾸기, 후투티), 설치류

소나무행렬털나방

Thaumetopoea pityocampa

소나무행렬털나방 애벌레들이 우리의 손이 닿는 거리에서 한 줄로 땅을 향해 기어 내려오고 있을 때는 너무 가까이 가거나 귀찮게 하지 않는 편이 좋다. 이때 애벌레들은 알에서 깨어나 수개월 동안 애벌레 시기를 보낸 나무에서 내려오는 것이다. 소나무행렬털나방 애벌레는 솔잎을 갉아 먹고 자라며 다른 행렬털나방의 애벌레, 예를 들어 떡갈나무행렬털나방의 애벌레는 떡갈나무를 선호한다.

무리 지어 사는 소나무행렬털나방 애벌레는 자신의 실을 이용해 가볍게 사용할 임시 거처를 짓는다. 이 거처는 조금씩 커지면서 계속 사용할 만한 것으로 바뀌는데, 하얀색 고치가 멀리서도 보일 정도다. 이들은 그곳에서 겨울을 나고 4월 즈음 땅으로 내려와 성충으로 변태하러 떠난다. 이때 애벌레 중 한 마리가 솔선수범해 앞으로 나와 긴 행렬을 이끈다.

그렇지만 우리가 전문 산림 관리인이라면 모를까,
둥지가 그렇게 많지도 않고 우리 손이 닿지 않는 곳에 있다면
이 나방들과 함께 살아갈 수 있다. 그게 아니라면 박새를 비롯한
다른 포식자들이나 기생충이 먹어 치우도록 내버려 둬도 괜찮다.

일단 땅에 내려오면 소나무행렬털나방 애벌레는 이전 행렬이 지나간 길을 따라가거나 주변을 탐색해 가며 새로운 장소를 찾는다. 장소가 정해지면 한데 모여 몸을 들썩들썩 움직여 몇 센티미터 정도 깊이의 땅속으로 몸을 파묻는다. 약 2~3개월 후 작고 어두운 색 나방이 그곳에서 나오고, 이와 같은 주기가 반복된다.

일반적으로 털이 많은 애벌레가 홀로 있다면 그다지 해롭지 않지만, 무리 지어 있다면 털에 찔려 따끔할 수 있다. 소나무행렬털나방 애벌레가 그러한 경우인데, 얇은 털이 일부 떨어져 나와 사람 피부에 박히면 독 때문에 가려워지지만 심각한 정도는 아니다. 하지만 일부 털이 우리 눈에 영향을 주거나 삼킬 수도 있으니 가까이 가지 않는 편이 낫다.

그렇지만 우리가 전문 산림 관리인이라면 모를까, 둥지가 그렇게 많지도 않고 우리 손이 닿지 않는 곳에 있다면 이 나방들과 함께 살아갈 수 있다. 그게 아니라면 박새를 비롯한 다른 포식자들이나 기생충이 먹어 치우도록 내버려 둬도 괜찮다.

장님거미

Phalangium opilio

장님거미는 '통거미목'이라고 불리는 규모가 큰 동물군에 속한다. 사람들이 종종 헷갈리곤 하지만 배추각다귀와는 다르다(150쪽 참조). 장님거미는 거미강에 속하는데, 다리가 8개이고 무엇보다도 날지 않기 때문이다. 하지만 일반적인 거미와는 다르게 몸통이 나눠져 있지 않고 모두 무척 길고 얇은 다리를 갖는다. 이 거미의 이름은 길고 얇은 다리와 관련이 있다. 학명에 포함된 *opilio*는 예전에 죽마에 올라탄 목동을 가리키는 단어였다. 아니면 혹시 장님거미가 수확기에 나타나 수확해 놓은 경작물 위를 걸어 다니기 때문일까?

공격적이지 않고 잡식성이며 홀로 생활하는 장님거미는
정원, 땅, 풀숲, 때로는 나무 위를 성큼성큼 걸어 다닌다.
또한 천천히 앞으로 전진하며 살아 있는 곤충이나
그 사체, 또는 식물을 찾아내 먹는다.

공격적이지 않고 잡식성이며 홀로 생활하는 장님거미는 정원, 땅, 풀숲, 때로는 나무 위를 성큼성큼 걸어 다닌다. 또한 천천히 앞으로 전진하며 살아 있는 곤충이나 그 사체, 또는 식물을 찾아내 먹는다. 장님거미는 새, 도마뱀, 거미, 여러 곤충을 비롯한 수많은 동물의 먹잇감으로, 다른 작은 곤충들처럼 자가 절단할 수 있어 잡혔을 때 다리 하나를 몸에서 분리할 수 있다.

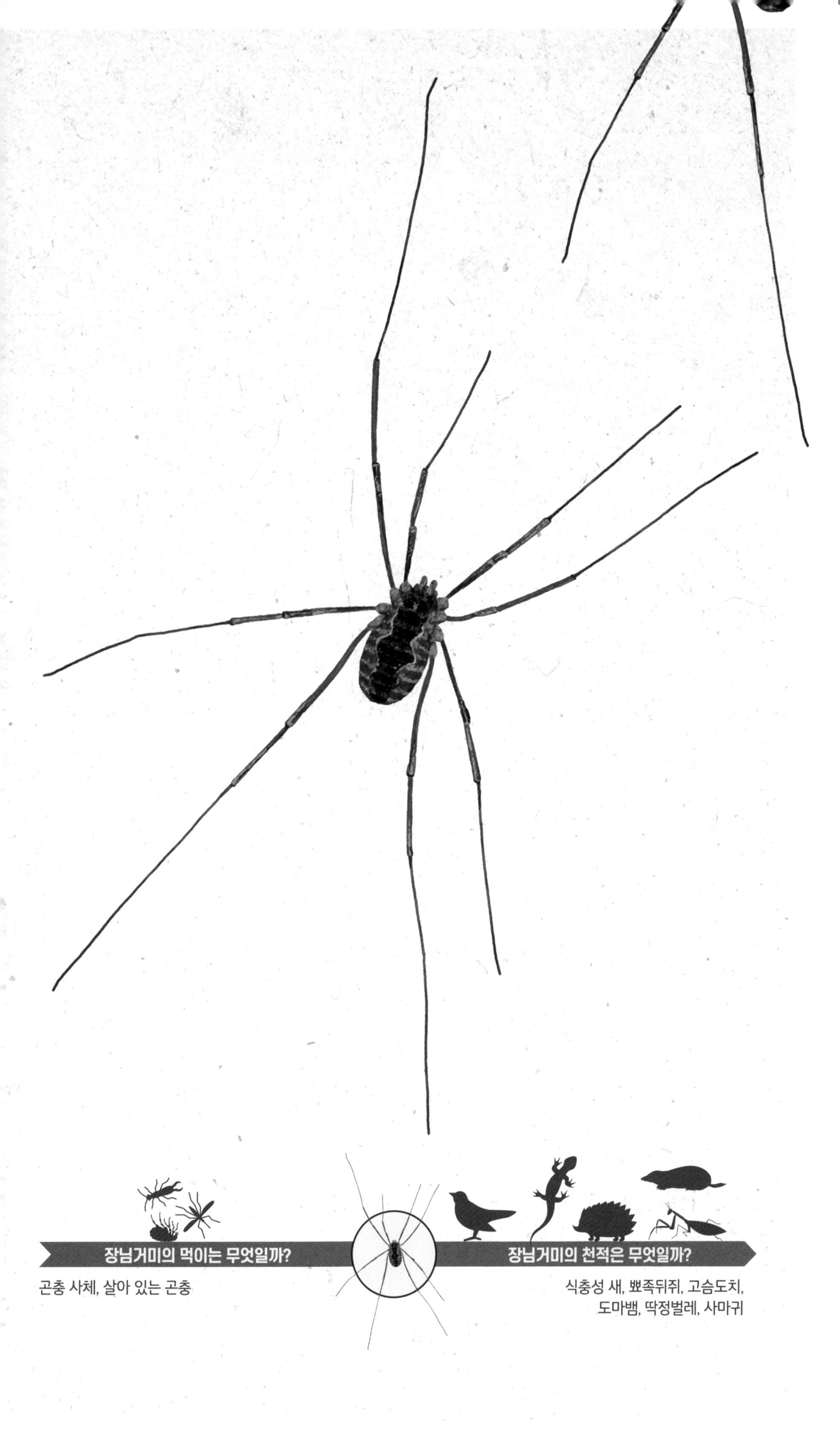
장님거미의 먹이는 무엇일까?
곤충 사체, 살아 있는 곤충
장님거미의 천적은 무엇일까?
식충성 새, 뾰족뒤쥐, 고슴도치,
도마뱀, 딱정벌레, 사마귀

유럽정원왕거미의 먹이는 무엇일까?

날아다니는 곤충(파리, 나비, 모기, 진딧물 등)
뛰는 곤충(여치, 귀뚜라미 등)

유럽정원왕거미의 천적은 무엇일까?

식충성 새, 뾰족뒤쥐, 고슴도치, 도마뱀, 땅벌류

유럽정원왕거미

Araneus diadematus

유럽정원왕거미의 '등'에 새겨진 무늬는 십자가와 하얀색 장식으로 이뤄진 왕관을 연상시킨다. 유럽정원왕거미는 그 크기와 부풀어 있는 듯한 몸집(흉부)으로 인해 쉽게 눈에 띄는데, 특히 기하학적 조형미가 두드러지는 거대한 거미집 가운데에 자리 잡고 있을 때 더욱 그렇다. 곤충이 빠져나올 수 없는 덫인 이 거미집은 때때로 창문이나 정원 창고 바로 앞, 또는 잘리지 않은 식물 줄기에 늘어져 있다. 울타리가 쳐 있고 풀숲이 무성한 정원이라면 사촌 격인 긴호랑거미(203쪽 참조)와 같은 방식으로 바람을 타고 날아와 정원에 도착해 자리를 잡는 유럽정원왕거미를 심심치 않게 볼 수 있다.

유럽정원왕거미는 일반적으로 곤충들이 많이 뛰어다니거나 날아다니는 곳에 정착해 몸통 뒤쪽에 위치한 실샘에서 뽑아낸 거미줄로 거미집을 만든다. 이 실샘은 여러 용도에 따라 다양한 실을 만들어 낸다. 곤충을 잘 붙잡을 수 있도록 끈적끈적한 거미줄이나 거미집을 지지하고 이동하는 데 쓰이는 거미줄이 따로 있으며, 위험한 경우 빠르게 도망갈 수 있도록 거미집에서 그다지 멀지 않은 곳에 은신처를 짓는 용도의 거미줄도 있다. 만약 유럽정원왕거미가 거미집에 없다면 근처에 있는 은신처에 몸을 숨기고 있는 것이다. 가을에는 또 다른 거미줄을 짜내 고치를 만들어 그 안에 알을 낳는다.

날개를 가진 진딧물이나 일부 작물에 피해를 입히는
나비목 애벌레 등 크기가 작은 곤충들이 매우 쉽게 잡힌다.

유럽정원왕거미는 1년여 남짓한 평생을 자신이 만든 집에서 보낸다. 거미의 나이에 따라 거미집은 처음에는 작았다가 점점 커지면서 뛰어 오른 여치나 날아다니는 꿀벌을 붙잡을 수 있게 된다. 거미줄은 강철보다 튼튼하며, 팽팽한 정도를 조절할 수 있어 충격에도 끊어지지 않는다. 그래서 날개를 가진 진딧물이나 일부 작물에 피해를 입히는 나비목 애벌레 등 크기가 작은 곤충들이 매우 쉽게 잡힌다.

인간에게는 공격적이지 않지만 태어날 때부터 포식자 위치에 있는 유럽정원왕거미는 정원에 무조건 유익한 존재이자 거미줄에 걸린 아침 이슬이라는 특별한 장식까지 선사한다. 키가 큰 풀숲이 조성된 채로 방치된 정원이라면 금세 유럽정원왕거미를 불러들일 수 있다.

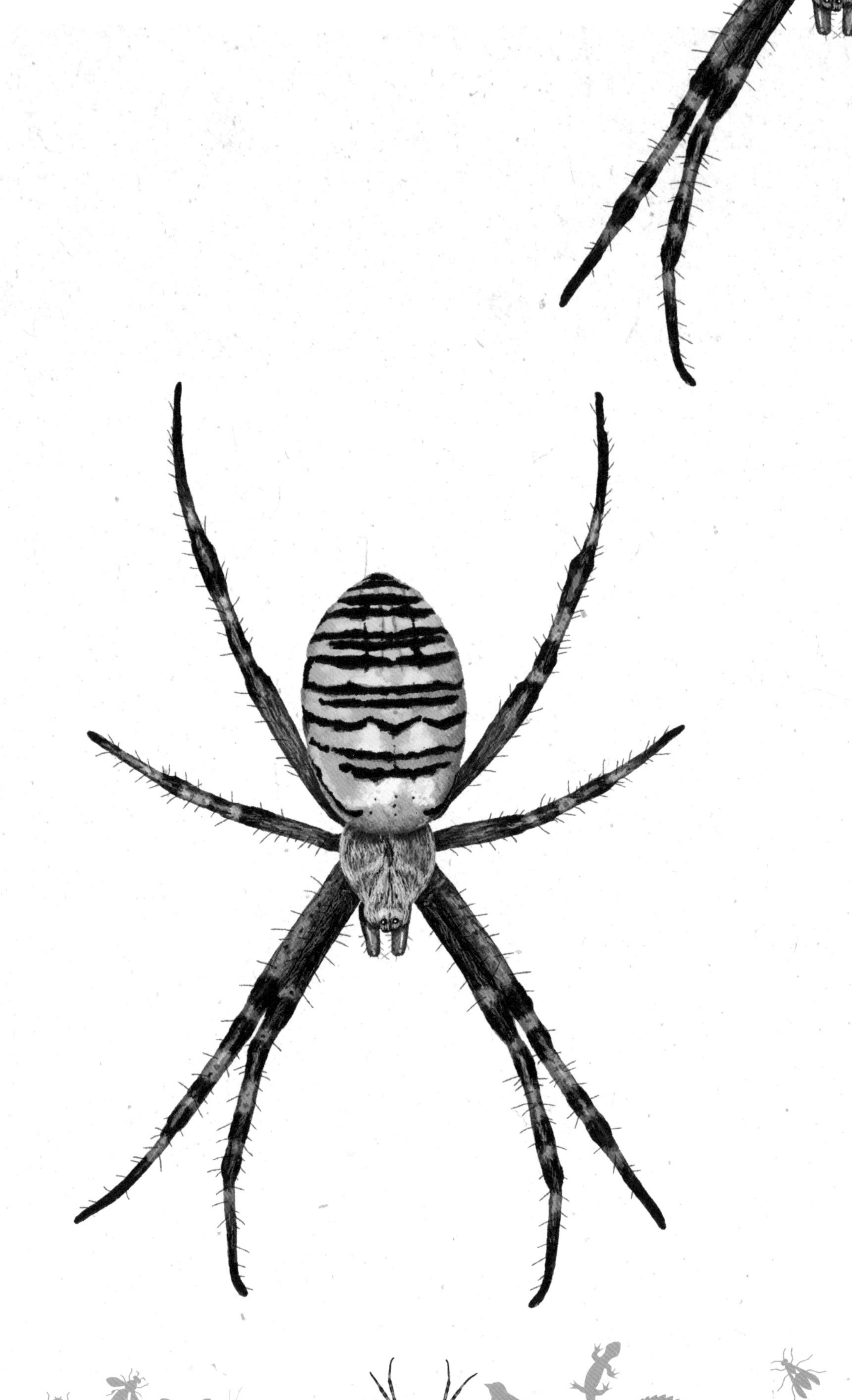

긴호랑거미의 먹이는 무엇일까?

날아다니는 곤충(파리, 나비, 모기, 진딧물 등)
뛰는 곤충(여치, 귀뚜라미 등)

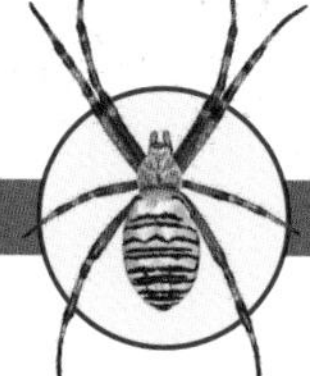

긴호랑거미의 천적은 무엇일까?

식충성 새, 뾰족뒤쥐, 고슴도치, 도마뱀, 땅벌류

긴호랑거미

Argiope bruennichi

풀밭에서 눈앞에 긴호랑거미가 나타나면 언제나 깜짝 놀라게 된다. 거미로 분장한 말벌인가? 아니면 반대인가? 물론 발이 8개 달렸고 날개는 없는 거미가 맞다. 다른 곤충들처럼 진화 과정을 거치며 조금씩 짙어진 노란색과 검은색 줄무늬는 천적들을 위협한다. 만약 정원이 따뜻하고 건조하며 키가 큰 풀숲과 덤불이 있어 살기에 쾌적한 환경이라면 긴호랑거미는 편안하게 자리를 잡을 것이다. 정원에서 자라는 식물 아래 고치 속에서 겨울을 보내고 밖으로 나온 정원 태생이든, 바람을 타고 가깝거나 먼 곳으로부터 정원을 찾아왔든 상관없이 말이다.

실제로 유럽정원왕거미(201쪽 참조)와 긴호랑거미를 포함해 수많은 어린 거미들이 날개가 없는데도(거미는 곤충이 아니다) 바람을 타고 날아 사방으로 흩어진다. 이들은 풀 끝이나 다른 지지할 만한 물체의 가장자리에 자리를 잡고 흉부를 하늘로 들어 올린 채 몸 뒤쪽에서부터 기다란 거미줄을 뽑아낸다.

만약 정원이 따뜻하고 건조하며 키가 큰 풀숲과 덤불이 있어 살기에 쾌적한 환경이라면 긴호랑거미는 편안하게 자리를 잡을 것이다.

어린 거미는 바람과 정전기를 이용해 줄을 길게 늘어뜨린 다음, 몸을 공중에 띄울 수 있을 정도로 바짝 잡아당긴다. 그런 다음 딛고 있던 발을 떼고 공중으로 몸을 던진다. 일부는 때때로 수백 미터, 심지어는 수십 킬로미터 이상 멀리 이동하기 때문에 '기중부유생물'에 속한다고 봐도 무방하다.

일단 자리를 잡고 나면 이들의 삶은 성충과 동일하다. 다만 더 작은 거미집으로 곤충을 잡을 뿐이다. 짝짓기는 여름에 이루어지며, 거의 일부일처여서 모든 수컷은 서둘러 가장 먼저 암컷을 차지하려 한다. 수컷의 교미 기관은 마치 또 다른 짝짓기를 막는 마개처럼 암컷의 몸에 남는다. 암컷이 수컷을 잡아먹기도 하는데, 거미 세계에서는 흔한 일이다. 집을 짓든, 늑대거미처럼 땅에서 사냥을 하든, 깡충거미처럼 높이 뛰어오르든 모든 거미는 정원의 든든한 아군이다. 평생을 포식자로 군림하지만 인간에게는 공격적이지 않은 긴호랑거미는 독특한 거미집과 생김새로 정원을 아름답게 장식해 주는 효과까지 선물한다!

쥐며느리

Porcellio scaber

쥐며느리는 돌이나 바닥에 있는 나무를 들어 올렸을 때 종종 만날 수 있는 동물이다. 수가 많아 어디에서나 쉽게 모습을 볼 수 있으며, 날지도 못하고 이동 속도도 느린 편이다. 게다가 겉모습이 친근한 편이라 공격적이지 않아 보인다. 갈색돌지네(207쪽 참조)처럼 쥐며느리도 어둡고 습한 장소를 좋아하지만 빠르게 움직이지는 못한다. 쥐며느리는 그저 썩어 가는 식물을 찾아 이리저리 돌아다니는데, 이런 상태의 식물에 먹이인 미세 균류와 세균이 있기 때문이다.

쥐며느리는 알에서 나와서부터 성충까지 2년 동안
살 수 있으며, 썩어 가는 유기물을 분해해 땅으로 되돌려 주는
역할을 맡아 정원에 아주 귀중한 도움을 준다.

습기가 없으면 쥐며느리의 몸은 빠르게 건조해진다. 습한 장소나 구석진 곳, 햇빛이 비치지 않는 곳, 그리고 지하실에서만 쥐며느리를 볼 수 있는 이유다. 쥐며느리는 알에서 부화해 성충까지 2년 동안 살 수 있으며, 썩어 가는 유기물을 분해해 땅으로 되돌려 주는 역할을 맡아 정원에 아주 귀중한 도움을 준다. 썩은 냄새에 매우 민감한 편이라 곪아 터진 과일에 가장 먼저 도착하지만 쥐며느리가 과일을 썩게 만드는 것은 아니다.

쥐며느리는 수많은 유사 종과 마찬가지로 몸을 둥글게 말지 않는다. 학명인 *Porcellio scaber*는 우둘투둘한 새끼 돼지라는 뜻이다. 전반적인 형태와 껍질을 뒤덮고 있는 오돌토돌한 작은 점 때문에 이런 이름이 붙은 것으로 추측된다. 물론 쥐며느리는 돼지도 곤충도 아니다. 일단 다리가 14개나 되면 곤충이라고 할 수 없다(성충이 된 곤충의 다리는 6개다). 거미강과 다지류(208쪽 참조)의 먼 친척이기는 하지만 말이다.

쥐며느리의 먹이는 무엇일까?
동물 혹은 식물 잔재물, 썩고 있는 식물,
죽은 나무, 곤충 사체
쥐며느리의 천적은 무엇일까?
거미, 뾰족뒤쥐, 고슴도치, 새, 개구리,
무족 도마뱀

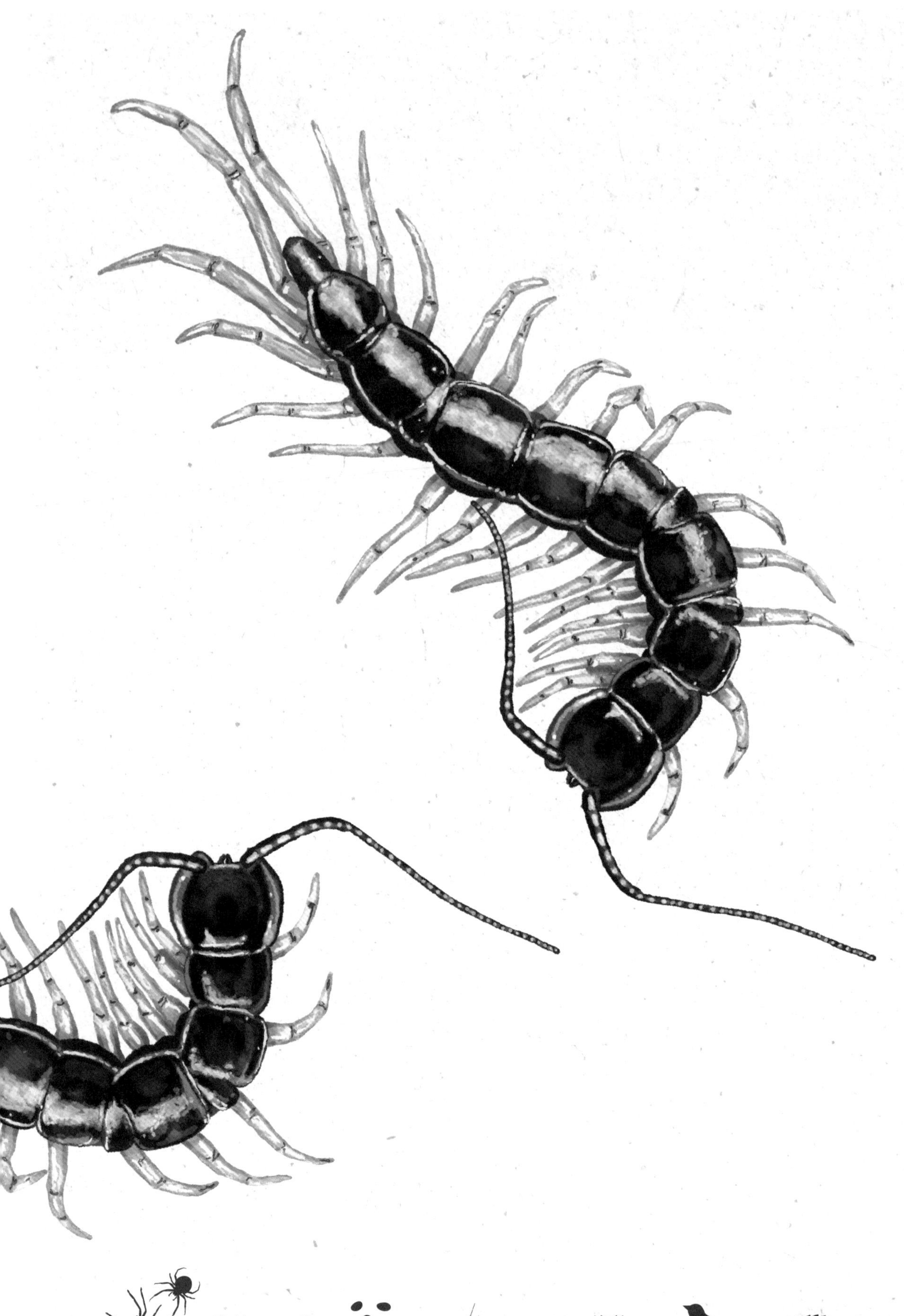

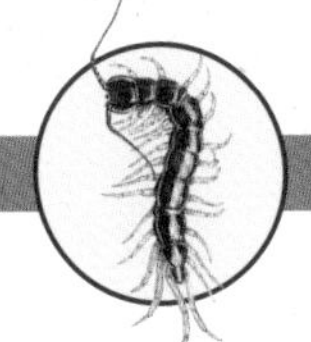

갈색돌지네의 먹이는 무엇일까?

거미, 딱정벌레목, 곤충의 유충 또는 알

갈색돌지네의 천적은 무엇일까?

땅에 사는 포식자 곤충(딱정벌렛과, 반날개상과 등),
식충성 새, 고슴도치

갈색돌지네

Lithobius forficatus

갈색돌지네는 육식성 다지류다. 식식성(208쪽 참조)에 느린 다지류도 있지만 갈색돌지네는 매우 빠르다. 이 빠른 속도 덕분에 먹잇감에 달려들거나 계속 쫓을 수 있다. 그러고 나면 나머지 과정은 전부 이빨에 맡기면 된다. 갈색돌지네의 이빨은 먹잇감의 껍질을 뚫고 독을 주입한다. 땅에 살거나 잠시 머무는 다른 동물들을 비롯해 쥐며느리(204쪽 참조)도 이 지네의 식사 메뉴에 포함된다. 땅에서 생활하는 갈색돌지네는 바위나 죽은 나무 밑에서 산다. 모든 다지류가 그렇듯 갈색돌지네도 날지 못하지만 날개를 가진 곤충의 먼 친척이다. 게다가 곤충들은 성충이 되면 6개의 다리를 갖는데 다지류는 다리가…… 정말 많다. 몸에 적어도 16개의 다리를 달고 있으며 갈색돌지네의 경우 30개, 노래기(208쪽 참조)는 그보다 훨씬 많은 다리로 움직인다.

갈색돌지네는 밀폐된 공간에 알맞은 납작한 형태를 하고 있다.
이러한 조건들을 갖춘 덕분에 유능한 포식자로서
파리를 포함한 곤충들을 수월하게 사냥하고,
때로는 민달팽이까지도 독니로 제압해 버린다.

매우 빠르고, 유연하며, 기동력이 있고, 냄새와 움직임에 민감한 긴 더듬이를 가진 갈색돌지네는 밀폐된 공간에 알맞은 납작한 형태를 하고 있다. 이러한 조건들을 갖춘 덕분에 유능한 포식자로서 파리를 포함한 곤충들을 수월하게 사냥하고, 때로는 민달팽이까지도 독니로 제압해 버린다. 갈색돌지네는 예를 들어 땅에 돌과 나뭇조각, 그리고 낙엽이 많아 살기 좋은 정원처럼 편안한 환경이 갖춰진 장소에 수년간 머문다. 다만 아직 정원을 손질하지 않고 내버려 둬도 괜찮다는 인식이 문화적으로 자리를 잡지 못했을 뿐이다. 정원을 관리하고 깨끗하게 유지하고 싶어 하는 성향 때문에 포식자인 다지류나 야생화의 수분 활동을 돕는 곤충들을 품을 수 있는 삶의 터전들이 너무 무미건조하게 변해 버린다.

노래기

Ommatoiulus sp.

여기 '채식주의자' 다지류가 있다! 다른 다지류는 육식성(207쪽 참조)으로 빠르지만, 노래기는 식식성이며 느리다. 성충이 되면 다리가 약 200개 생기지만 달리기에 적합하지는 않다. 노래기는 몸을 구불거리며 땅의 굴곡에 자신의 몸을 완벽하게 맞춰 천천히 이동한다. 노래기의 몸은 수없이 분절된 마디로 이뤄져 있으며, 마디마다 두 쌍의 다리가 달려 있다. 노래기가 앞으로 나아가면 수많은 다리가 동시에 물결처럼 움직여 구불거리는 모습을 볼 수 있다. 노래기는 다리가 많은 다지류의 대표적인 예로, 한 노래기는 752개의 다리를 가져 가장 다리가 많은 노래기라는 기록을 보유하고 있다. 이 기록 보유자는 미국에서 발견되었으며, 이 책의 삽화 속 노래기와 많이 닮았지만 색이 좀 더 밝고 몸이 훨씬 길다. 열대 지방의 노래기는 때때로 몸집이 매우 크지만, 유럽의 노래기는 길이가 약 3~5센티미터 정도로 몸도 얇은 편이다.

노래기는 대체로 땅에서 시들거나 생생한 식물을 주로 먹는데,
그곳에서 나뭇잎이나 이끼도 찾곤 한다.
잎맥만 남아 마치 레이스처럼 보이는 낙엽은 보통 노래기의 작품으로,
생각보다 여기저기서 쉽게 발견할 수 있다.

노래기는 대체로 땅에서 시들거나 생생한 식물을 주로 먹는데, 그곳에서 나뭇잎이나 이끼도 찾곤 한다. 잎맥만 남아 마치 레이스처럼 보이는 낙엽은 보통 노래기의 작품으로, 생각보다 여기저기서 쉽게 발견할 수 있다. 또한 노래기는 이동하다가 발견한 다양한 유기물 쓰레기를 먹어 치우기 때문에 청소동물로도 묘사된다.

이들은 위협을 받으면 완벽하게 동그란 모양으로 몸을 만다. 튼튼한 껍질과 불쾌한 냄새를 풍기는 분비물이 수많은 천적으로부터 노래기를 지켜 준다. 하지만 유럽대왕검정반날개(97쪽 참조)의 거대한 턱에는 제대로 저항하지 못하며, 고슴도치의 날카롭고 단단한 이빨에도 약한 편이다.

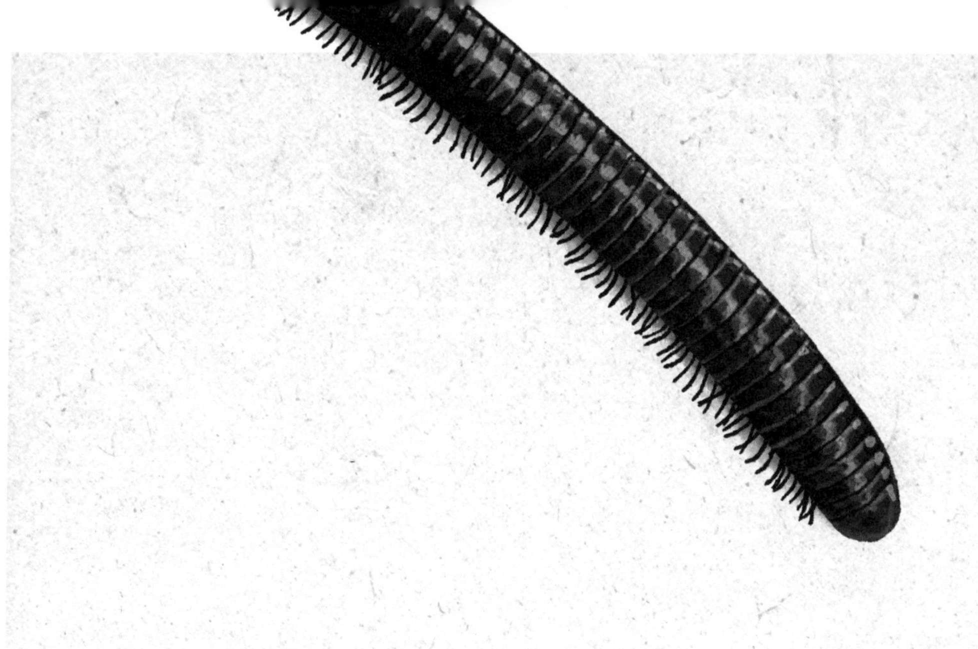

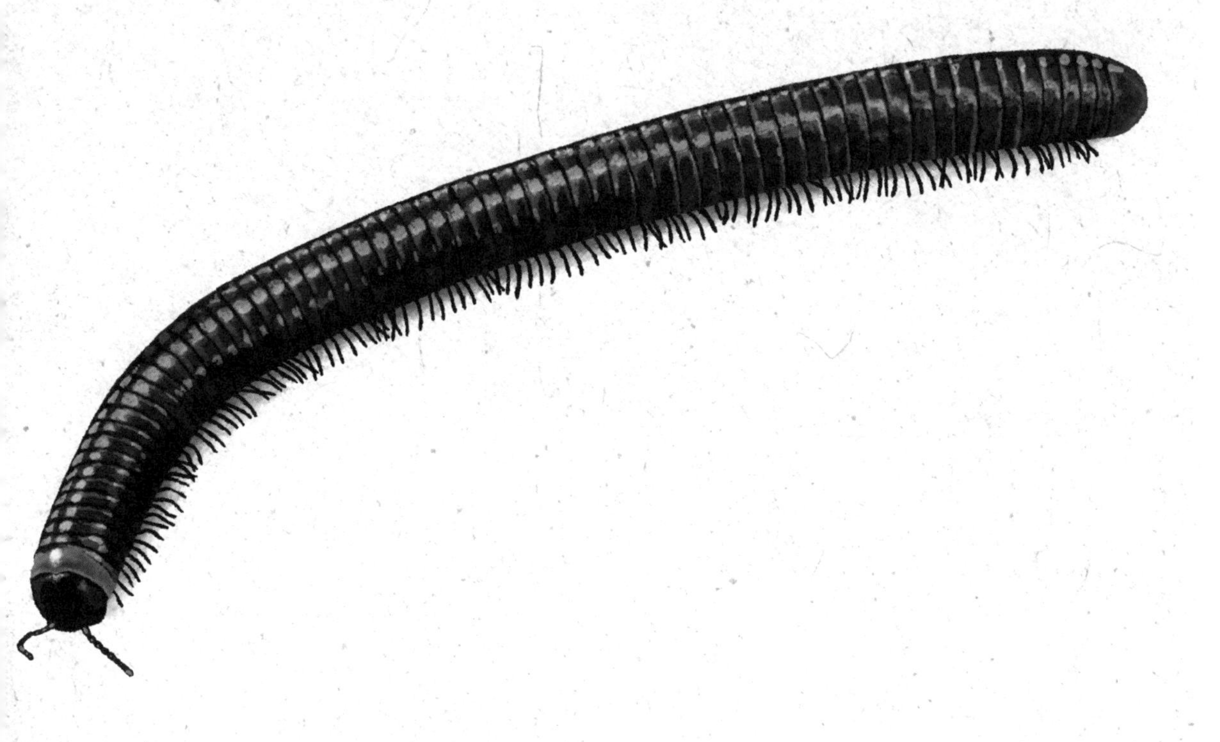

노래기의 먹이는 무엇일까?

다양한 유기물 쓰레기, 낙엽, 썩은 과일

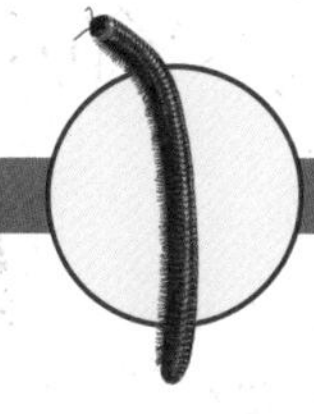

노래기의 천적은 무엇일까?

땅에 사는 포식자 곤충(딱정벌렛과, 반날개상과 등),
식충성 새, 고슴도치

찾아보기

세밀화로 본 정원 속 작은 곤충들

초판 인쇄 | 2024년 7월 10일
초판 발행 | 2024년 7월 15일

지은이 | 프랑수아 라세르
그린이 | 마리옹 반덴부르크
옮긴이 | 이나래
감 수 | 김홍태
펴낸이 | 조승식
펴낸곳 | 돌배나무
등 록 | 제2019-000003호
주 소 | 서울시 강북구 한천로 153길 17
전 화 | 02-994-0071
팩 스 | 02-994-0073
인스타그램 | @bookshill_official
블로그 | blog.naver.com/booksgogo
이메일 | bookshill@bookshill.com

정가 22,000원
ISBN 979-11-90855-43-3